CONEXÕES E EDUCAÇÃO MATEMÁTICA - v. 2
Brincadeiras, explorações e ações

CB067622

Ruy Madsen Barbosa

CONEXÕES E EDUCAÇÃO MATEMÁTICA - v. 2
Brincadeiras, explorações e ações

Série
O professor de matemática em ação

autêntica

Copyright © 2009 Ruy Madsen Barbosa

PROJETO GRÁFICO DE CAPA E MIOLO
Diogo Droschi

EDITORAÇÃO ELETRÔNICA
Christiane Silva Costa

REVISÃO
Ana Carolina Lins

Revisado conforme o Novo Acordo Ortográfico.

Todos os direitos reservados pela Autêntica Editora.
Nenhuma parte desta publicação poderá ser reproduzida, seja por meios mecânicos, eletrônicos, seja via cópia xerográfica, sem a autorização prévia da Editora.

AUTÊNTICA EDITORA LTDA.
Rua Aimorés, 981, 8º andar . Funcionários
30140-071 . Belo Horizonte . MG
Tel: (55 31) 3222 68 19
Televendas: 0800 283 13 22
www.autenticaeditora.com.br

Dados Internacionais de Catalogação na Publicação (CIP)
(Câmara Brasileira do Livro, SP, Brasil)

Barbosa, Ruy Madsen
   Conexões e educação matemática : brincadeiras, explorações e ações, 2 / Ruy Madsen Barbosa. – Belo Horizonte : Autêntica Editora, 2009.
   – (O professor de matemática em ação ; v. 2)

   Bibliografia.
   ISBN 978-85-7526-431-7

   1. Materiais pedagógicos e construções 2. Brincadeiras 3. Atividades educacionais 4. Desafios 5. Matemática I. Título. II. Série.

09-08107   CDD-510.7

Índices para catálogo sistemático:
1. Educação matemática 510.7

SUMÁRIO

APRESENTAÇÃO 7

PRIMEIRA PARTE 9

Capítulo 1 - Triângulos Companheiros 11

Capítulo 2 - Peças de Penrose e Máscara do Batman 29

Capítulo 3 - Sucessão de Fibonacci - Números Ubíquos 39

Capítulo 4 - Aplicações complementares da
            Secção Áurea e fibonacianos 65

SEGUNDA PARTE - Uma família-P de materiais pedagógicos 79

Capítulo 5 - Poliminós 81

Capítulo 6 - Poliamondes 101

Capítulo 7 - Polihexes 113

Capítulo 8 - Policubos 119

TERCEIRA PARTE 137

Capítulo 9 - Dobrando tiras 139

Capítulo 10 - Aprendendo com balanças 147

REFERÊNCIAS 153

APRESENTAÇÃO

Máscara do Batman, asa delta, pavimentações monoedrais, Penrose, figuras impossíveis, casas e vizinhos, números ubíquos, poliamondes. O que isso tem a ver com Matemática? Em *Conexões e Educação Matemática – brincadeiras, explorações e ações n. 2*, Ruy Madsen Barbosa nos dá uma resposta a essa pergunta.

Dando continuidade ao livro anterior desta mesma coleção, o autor propõe um conjunto de atividades para o leitor explorar, problematizar e tirar conclusões sobre diversos assuntos e relacioná-los com a Matemática. Apresenta curiosidades geométricas e algébricas com suas respectivas justificativas matemáticas e contextualização histórica. Como complementação, indica bibliografia que contribui para um aprofundamento das ideias apresentadas. São dez capítulos que compõem esse texto de agradável leitura, com ilustrações e citações que revelam a competência e o senso de humor do professor Ruy Madsen.

Atividades como as aqui propostas contribuem para uma abordagem da Matemática que privilegia a construção do conhecimento a partir da resolução de problemas abertos. Certamente, este é um material rico para o professor inserir em sua aula de forma a estimular o aluno a se engajar com a experimentação e a descoberta matemática.

Trata-se de um livro que está em sintonia com as tendências mais atuais de um currículo centrado no aprendiz e que pode ser utilizado nos mais variados contextos educacionais. Alguns assuntos são mais apropriados para estudantes do ensino fundamental e outros para estudantes do nível médio e superior.

Independentemente de currículo e de escola, esta é uma obra para ser lida e estudada por pessoas que gostam de resolver problemas e estar próximas da Matemática. É um convite e um excelente apoio para a ação intelectual.

Miriam Godoy Penteado
Professora do Departamento de Matemática, IGCE
Unesp - Rio Claro-SP

PRIMEIRA PARTE

> Não somos responsáveis apenas
> pelo que fazemos, mas também
> pelo que deixamos de fazer.
>
> Molière

CAPÍTULO 1
TRIÂNGULOS COMPANHEIROS

A – FORMAS ANGULARES DE TRIÂNGULOS

São mais conhecidas as formas angulares dos *triângulos retângulos* empregados nos esquadros:

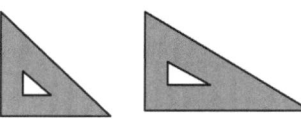

O *isósceles* de forma angular 90°,45°,45° e o *escaleno* de forma angular 90°,60°,30°.

Duas formas merecem especial atenção por constituírem versátil material pedagógico; são as formas 36°,72°,72° e 36°,36°,108°, intimamente relacionadas, conforme mostraremos a seguir.

Consideremos um △ABC qualquer de forma angular 36°,72°,72°.

Seja P em AC tal que BP= BC.

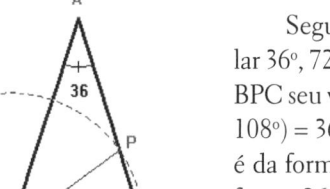

Segue que o △BPC é isósceles e de mesma forma angular 36°, 72°, 72°. Sendo o ângulo APB o suplemento do ângulo BPC seu valor em graus é de 108°; portanto sobra 180° – (36° + 108°) = 36° para o ângulo ABP; e, em consequência, o △ABP é da forma angular 36°, 36°, 108°. Em resumo, o △ABC da forma 36°, 72°, 72° é decomponível em dois triângulos, um da mesma forma e outro de forma 36°, 36°, 108°.

Consideremos agora um △ABC de forma 36°,36°,108°.

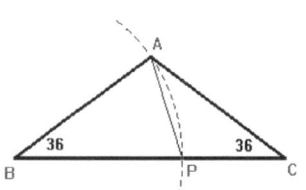

Marquemos P em BC de tal maneira que BP = BA. É fácil verificar que o △ABC fica decomposto em dois triângulos, o △BAP da forma 36°, 72°, 72° e △APC da forma 36°, 36°, 108°.

·11·

Nas duas situações o triângulo de uma das formas angulares se decompõe em dois triângulos, respectivamente um de cada forma, e surge uma justificativa conveniente para denominarmos esses triângulos de *triângulos companheiros ou TC*.[1] São também chamados triângulos áureos; o nome companheiros foi introduzido por M. Tourasse na dissertação de mestrado de S. Viana, em 1988.

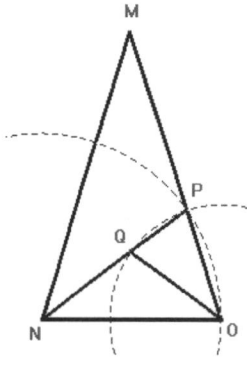

B - CONSTRUINDO UMA SUCESSÃO DE TRIÂNGULOS COMPANHEIROS

Iniciamos construindo um triângulo MNO grande da forma 36°, 72°, 72° que indicaremos por **A**. Usando a primeira decomposição obtemos os triângulos MNP que indicamos por **B** da forma 36°, 36°, 108° e NOP da forma 36°, 72°, 72° que indicamos por **C**.

Novamente usamos a primeira decomposição no triângulo **C**, obtendo o ΔNOQ, da forma 36°, 36°, 108°, que chamamos **D**, e o ΔOPQ da forma 36°, 72°, 72°, que denominamos **E**.

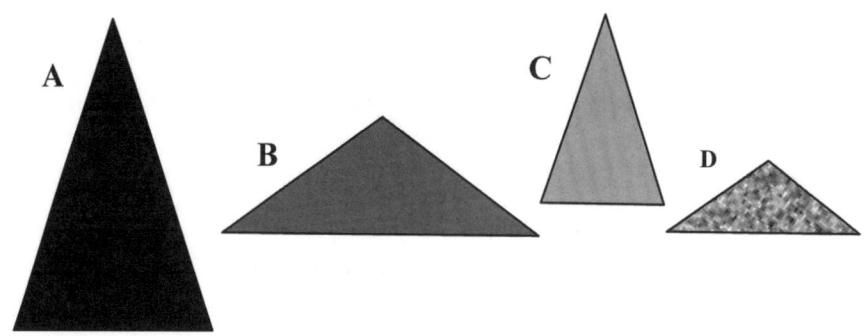

NOTA: Para cada grupo de alunos será conveniente pelo menos 10 conjuntos dessas quatro peças, recortadas em cartolina, papel cartão, madeira fina ou E.V.A., e cada tipo com uma cor. O leitor observará que a sucessão obtida consta de *cinco* triângulos A, B, C, D e E, caso haja interesse em trabalhar em outras atividades com mais peças.

Um detalhe importante: Há necessidade de construção de um triângulo (ABC) inicial com um ângulo de 36°, o que poderá ser feito com recurso de um transferidor, portanto não exato. Outro procedimento alternativo é usar qualquer uma das ternas (8, 13, 13 ou 13, 21, 21) para os lados que fornecem ângulos aproximados de 36°, respectivamente 35° 50' e 36° 03'.

---

[1] Utilizaremos a forma TC para denominar triângulos companheiros.

C - INVESTIGANDO AS PEÇAS

Após distribuir um conjunto de peças a cada grupo de alunos é interessante realizar atividades preliminares de investigação das peças. É preferível utilizar essa prática, e não simplesmente enunciar as características das peças.

LADOS

Por justaposição, ao encostar as peças, os educandos descobrirão que:

a) O *lado maior e o menor* de **A** (ou **C**) são respectivamente iguais ao *lado maior e ao menor* de **B** (ou **D**).

b) O *lado menor* de **B** é igual ao *lado maior* de **C**.

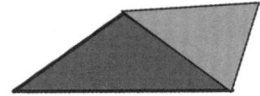

ÂNGULOS

Por superposição descobre-se que:

a) Ângulos de **A** são iguais a ângulos de **C**;
b) Ângulos de **B** são iguais a ângulos de **D**;
c) Ângulo menor de **A** é igual aos ângulos menores de **B**;
d) Ângulo menor de **C** é igual aos ângulos menores de **D**.

Mas quais os seus valores em graus?!

Basta, no caso de **A** (ou de **C**), dispor cinco sucessivamente ao redor de um ponto com o mesmo tipo de vértice e observar que eles completam meia volta (180°); portanto, desde que 180° : 5 = 36°, sobram para os outros 180° – 36° = 144°, então cada um vale 72°.

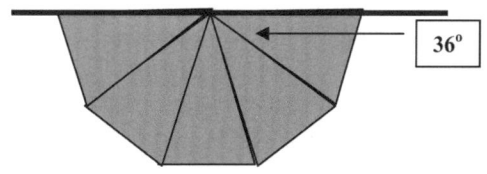

Em resumo, a forma angular de **A** (ou de **C**) é 36°, 72°, 72°.

Mas tendo já descoberto, por superposição, que o ângulo menor de **A** é igual aos ângulos menores de **B**, resulta na forma angular de **B** (ou de **D**) de 36°, 36°, 108°.

D - ATIVIDADES DE CONSTRUÇÃO COM TRIÂNGULOS COMPANHEIROS

SÉRIE PRINCIPAL

Atividade 1

Construir um decágono regular com TC.

Lembrete: Essa é uma construção bastante fácil porque, para descobrir o menor ângulo de A (ou de C), colocamos cinco deles ao redor de um mesmo ponto, fechando meia volta (180°); logo, no caso do decágono regular basta usarmos *dez* para darmos uma volta completa.

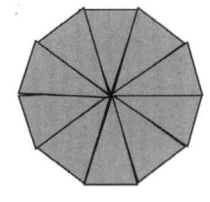
10 C ou 10 A

10 B + 10 C

Em geral, as soluções esteticamente agradáveis com seus visuais motivam os alunos, mas essa opção não é necessária.

Atividade 2

Construir um pentágono regular usando TC.

Algumas soluções:

a) A + 2B   b) C + 2D   c) 2B + 2C + D

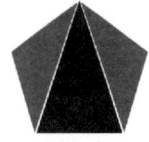   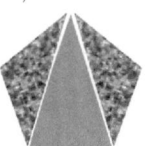   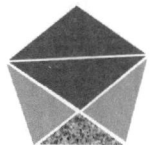

d) B + 3C + 2D   e) 3A + 3B + 2C + D

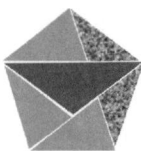   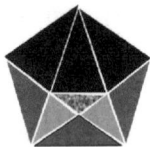

Explorações sobre ângulos podem ser realizadas em qualquer construção; nos vértices do contorno devemos ter a soma dos ângulos 108°, igual ao valor do ângulo interno do pentágono regular. E em todo vértice interior deve-se encontrar 360°.

Assim, por exemplo, na figura anterior nos dois pontos interiores simétricos temos ao seu redor três ângulos de 72°, um de 108° e um de 36°, que totalizam 360°.

Atividade 3

Construir com TC um pentagrama.

d) 2B + 4C 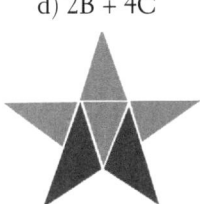 e) 6C + 2D

Nota: A rigor o pentagrama (símbolo dos pitagóricos) é o pentágono regular estrelado contínuo construído com as diagonais do pentágono regular. Em geral seu lado é indicado $L_{5,2}$.

Atividade 4

Construir um estrelado de cinco pontas com TC.

a) 5B + 5C + 5D   b) 10C + 10D

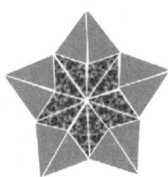

Atividade 5

Construir um cata-vento de 10 pontas com TC.

a) 10D   b) 10B   c) 10A + 10B

Atividade 6

Construir um cata-vento de cinco pontas.

a) 5A (ou 5C)   b) 5B + 5C

Atividade 7

Construir usando TC um polígono regular estrelado contínuo de 10 pontas.

$10A + 20C + 10D$

NOTA: Esse estrelado em geral tem o lado indicado por $L_{10,3}$.

Atividade 8

a) Construir só com peças tipo C (ou A) uma espiral anti-horária de dois ramos.

b) Decágonos regulares por anéis.

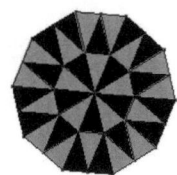

SÉRIE TRIÂNGULOS SEMELHANTES

Atividade 1

Construir com $2A + B$ um triângulo semelhante ao triângulo A.

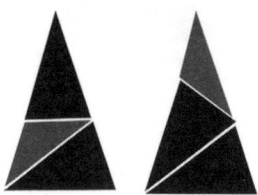

Atividade 2

Construir com $2A + 3B + C$ um triângulo semelhante ao triângulo B.

Atividade 3

Construir com A + 2B + C um triângulo semelhante ao triângulo A.

Atividade 4

Construir com 8 TC um triângulo semelhante ao B.

NOTA: Será que nas atividades 2, 3 e 4 existem outras soluções?

SÉRIE PARALELOGRAMOS E LOSANGOS

Atividade 1

Construir com 2 TC paralelogramos que não sejam losangos

        a) 2A (cuidado)   b) 2B (atenção)

e mais duas soluções análogas com 2C e 2D.

Atividade 2

Construir losangos (rombos) com duas peças

        a) 2C   b) 2D

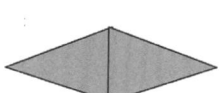   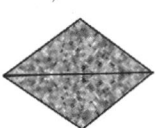

e mais duas soluções análogas com 2A e 2B.

Atividade 3

Construir paralelogramos (não losangos) com 3 TC.

a) A + B + C

b) B + C + D

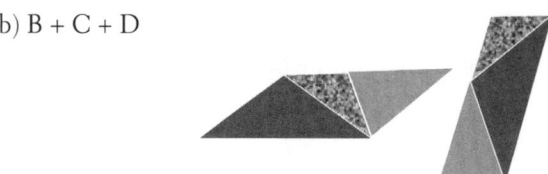

NOTA: Na primeira solução de a), dispor B e C em posições trocadas; na segunda solução de b), trocar C com D para obter outras soluções.

Atividade 4

Construir losangos com três peças.

    a) A + B + C   b) B + C + D

Atividade 5

Construir paralelogramos (não losangos) usando 2C + 2D.

Atividade 6

Construir losangos com 2C + 2D.

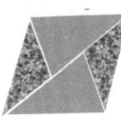 

SÉRIE TRAPÉZIOS

Atividade 1

Construir trapézios isósceles empregando 3 TC.

    a) 3B   b) 3C

c) 2B + C   d) A + C + D   e) B + 2D

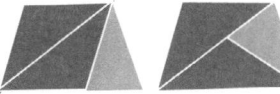  

Atividade 2

Construir trapézios isósceles com 4 TC.

a) 3A + B

b) B + 2C + D

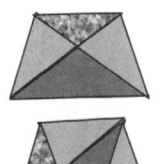  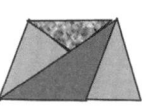
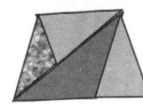 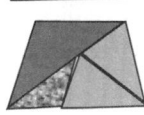 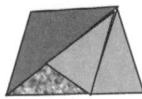

Atividade 3

Construir trapézios isósceles usando uma peça de cada tipo.

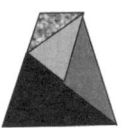 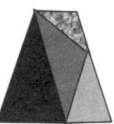

Atividade 4

Construir trapézios não isósceles.

ATIVIDADES

Atividade 1: Construir um triângulo da forma 36°, 36°,108° usando 2A+2B+2C+D.

Atividade 2: Construir triângulos da forma 36°, 72°,72° utilizando 5 TC.

Atividade 3: Construir paralelogramos (não losangos) usando A+B+C.

Atividade 4: Construir paralelogramos com B + 3C + D.

Atividade 5: Construir trapézios isósceles empregando 2A + 2B + C.

Atividade 6: Construir trapézios isósceles com 2A + D.

Atividade 7: Construir trapézio isósceles usando uma peça de cada tipo.

E - MATEMÁTICA SUBJACENTE

RELAÇÕES MÉTRICAS ENTRE OS LADOS

Consideremos a figura da primeira decomposição.

Temos, pelas formas angulares iguais, que os triângulos ABC e BCP são semelhantes; portanto, existe proporcionalidade entre seus lados:

$$BC / CP = AC / BC$$

Porém, pela construção temos BC = BP e BP = AP, por ser isósceles o triângulo ABP; portanto substituindo obtemos:

$$AP / CP = AC / AP$$

Essa proporção nos indica que o ponto P divide o segmento AC em média (AP) e extrema razão (CP), o que pode ser memorizado da seguinte forma:

> **A parte maior está para a parte menor assim como o todo está para a parte maior.**

O segmento maior, a média, é denominado *segmento áureo*.

Indicando com τ (letra grega tau) a razão AP/CP (lado maior para lado menor), encontramos, já que AC = AP + CP, a igualdade

$$\tau = 1 + 1/\tau$$

Dela obtemos $\tau^2 - \tau - 1 = 0$, equação que resolvida fornece

$$\tau = \frac{1 \pm \sqrt{5}}{2} \cong \frac{1 \pm 2{,}23607}{2}$$

E, usando só o sinal positivo, temos $\tau \approx 1.618$ (= 1,6180339...).

A razão inversa CP/AP (lado menor para lado maior) é fácil descobrir desde que $1/\tau = \tau - 1 \approx 0{,}618$.

Em resumo, sendo **a** e **a'**, **b** e **b'**, **c** e **c'**, **d** e **d'**, respectivamente, as medidas do lado maior e do menor dos triângulos companheiros **A, B, C** e **D**, teremos $a = \tau a'$, $b = \tau b'$, $c = \tau c'$ e $d = \tau d'$; mas, desde que a' = c então $a = \tau^2 c$ ou $a = (1 + \tau) c$; e, também

$$a = \tau^2 d \text{ e } a = \tau^3 d'.$$

Voltando à relação $\tau = 1 + 1/\tau$, e substituindo τ no segundo membro pelo seu próprio valor, obtemos

$$\tau = 1 + \cfrac{1}{1 + \cfrac{1}{\tau}}$$

Sucessivamente, usando o mesmo procedimento, obtemos a fração contínua infinita para tau:

$$\tau = 1 + \cfrac{1}{1 + \cfrac{1}{1 + \cfrac{1}{1 + \ldots}}}$$

Calculando as suas reduzidas teremos:

$\tau_1 = 1$, $\tau_2 = 1 + 1/1 = 2$ ou $2/1$,

$$\tau_3 = 1 + \cfrac{1}{1 + \cfrac{1}{1}} = \cfrac{3}{2}$$

$\tau_4 = 5/3$, $\tau_5 = 8/5$, $\tau_6 = 13/8$, $\tau_7 = 21/13$, $\tau_8 = 34/21$, e assim sucessivamente 55/34, 89/55, 144/89 etc.

Desde que a reduzida de ordem k+1 é dada por

$$\tau_{k+1} = 1 + \cfrac{1}{\tau_k} \quad \text{e} \quad \tau = 1 + \cfrac{1}{\tau}$$

Subtraindo encontramos

$$\tau - \tau_{k+1} = \cfrac{\tau_k - \tau}{\tau \tau_k}$$

Considerando que $\tau - \tau_{k+1}$ e $\tau_k - \tau$ possuem sinais opostos, essa relação nos mostra que as reduzidas são alternadamente menor e maior que τ; porém como $\tau_3 = 3/2 = 1,5 < 1,618$, segue que as reduzidas de ordem ímpar são menores que τ e as de ordem par são maiores que τ.

Já que $\tau \cdot \tau_k > 1$, temos $|\tau - \tau_{k+1}| < |\tau - \tau_k|$. Resulta que as reduzidas tendem ao valor de $\tau \approx 1,618$, como é fácil observar nos primeiros valores:

$\tau_4 \approx 1,6666 > \tau$ $\qquad$ $\tau_5 = 1,6 < \tau$

$\tau_6 = 1,625 > \tau$ $\qquad$ $\tau_7 \approx 1,6153 < \tau$

$\tau_8 \approx 1,61904 > \tau$ $\qquad$ $\tau_9 \approx 1,61764 < \tau$

$\tau_{10} \approx 1,61818 > \tau$ $\qquad$ $\tau_{11} \approx 1,61797 < \tau$

$\tau_{12} \approx \mathbf{1,61805} > \tau$ $\qquad$ $\tau_{13} \approx \mathbf{1,61802} < \tau$

que nos fornece, por outro caminho, de novo o valor para $\tau \approx 1,6180$.

Uma relação curiosa e útil nas frações das reduzidas, que facilita os cálculos, é a seguinte:

> **Dada uma reduzida:**
> - o numerador da reduzida seguinte é igual à soma do numerador e denominador;
> - o denominador da reduzida seguinte é igual ao seu numerador.

O interessado encontrará uma prova dessa propriedade por indução em BARBOSA (1993, p. 77)

Decorre, então, o aparecimento da sucessão

1, 1, 2, 3, 5, 8, 13, 21, 34, 55, 89, ...

nos denominadores das reduzidas, e também nos numeradores, porém nesses a partir do segundo termo da sucessão.

Essa sucessão é famosa na matemática e conhecida sob a denominação sucessão de Fibonacci, dada pelos valores iniciais:

$u_1 = 1$ e $u_2 = 1$ e pela recorrente $u_{i+2} = u_{i+1} + u_i$., com $i \geq 1$.

F - CURIOSIDADE

Relendo nossas antigas anotações encontramos, em algumas folhas datadas de 12/11/94, às 18h23, uma *sucessão de figuras empregando só triângulos companheiros*, que expressa de uma maneira curiosa a sucessão de Fibonacci $u_1, u_2, u_3, u_4, \ldots$.

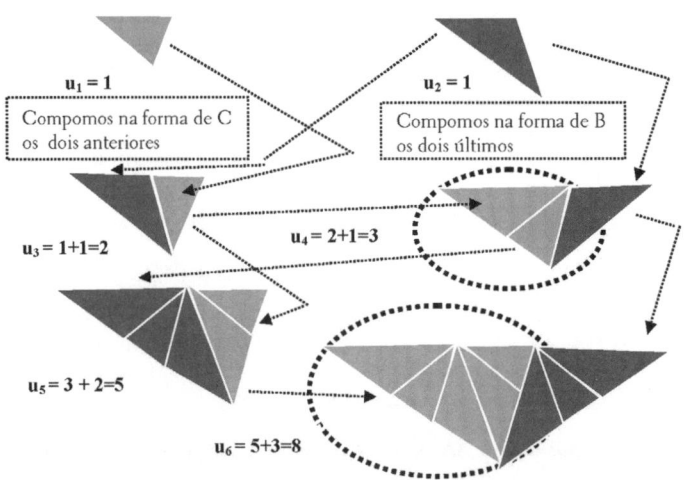

E assim sucessivamente, compondo os dois triângulos anteriores, obtemos o novo triângulo, que acarreta ser o número de componentes, a partir de i ≥1, dado por $u_{i+2} = u_{i+1} + u_i$.(Fibonacci).

Curiosamente em cada composição obtém-se alternadamente triângulos das formas 36°, 72°,72° e 36°,36°,108°.

G - SOBRE A MÉDIA E A EXTREMA RAZÃO

CONSTRUÇÃO

A construção dada a seguir é uma das várias que fornecem o segmento áureo de um segmento. Seja AB o segmento:

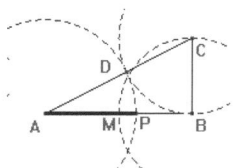

1) M ponto médio de AB;
2) BC perpendicular a AB, com BC = BM;
3) Segmento AC;
4) D ponto de interseção de AC com a circunferência de centro C e raio CB;
5) P ponto de interseção de AB com a circunferência de centro A e raio AD.

O segmento **AP** é o *segmento áureo* e PB é a *extrema razão* do segmento AB.

Uma variante interessante é dada abaixo.

Seja AO um segmento:

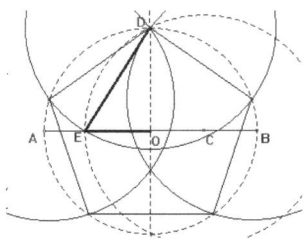

1) Circunferência de centro O e raio OA obtendo B;
2) Perpendicular em O obtendo D na circunferência;
3) C médio de OB;
4) Centro C e raio CD para obter E.

Teremos **OE segmento áureo de OA**; portanto OE é o lado do decágono regular inscrito na circunferência de centro O.

De fato, $OE = CE - CO = CD - CO = \sqrt{(CO^2 + OD^2)} - CO$
$= \sqrt{(5\ OA^2/4)} - OA/2 = [(\sqrt{5} - 1)/2]\ OA$
$= (\tau - 1)$. Raio $= L_{10}$

e DE é o lado L_5 do pentágono regular inscrito.

DADOS HISTÓRICOS

O estudo da média e da extrema razão remonta à Antiguidade; o próprio Euclides cuidou dessa proporção na sua obra.

Kepler (1571- 1630) a denominava secção áurea; é célebre o seu dizer:

> "A geometria possui dois grandes tesouros: um é o teorema de Pitágoras; o outro, a divisão de uma linha em média e extrema razão. O primeiro, podemos comparar a uma medida de ouro; ao segundo, podemos chamar de joia preciosa."

Os arquitetos e escultores da Grécia antiga usavam em suas obras essa proporção.

Merece especial referência a publicação da obra de Luca Pacioli, chamada *La divina proportione*,[2] de 1509, com as ilustrações realizadas pelo famoso artista Leonardo da Vinci. Pacioli nasceu em Umbria, em 1445, foi aluno de Piero della Francesca e depois dos 20 anos estudou matemática com Leon Alberti em Veneza. Em 1477 foi ordenado frade, ordem de São Francisco. Foi professor de matemática em cidades italianas numa espécie de academia itinerante e autor de obras de matemática. Essa obra, talvez pela presença de Da Vinci, impulsionou o interesse e estudos deste relativos à "divina proporção".

A DIVINA PROPORÇÃO NO CORPO HUMANO

Artistas, pintores ou escultores incorporaram a razão τ como um cânone de beleza para as razões das partes do corpo humano. O escultor grego Phidias usou em suas obras a divina proporção.

Fundamentalmente a marca umbilical separava o corpo humano em duas partes: dos pés até a marca e da marca até o alto da cabeça, cuja razão devia ser τ, conforme indicamos na figura seguinte, juntamente com outras razões.

Analogamente a figura do rosto devia refletir essa razão várias vezes.

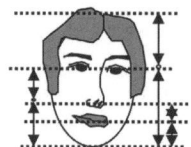
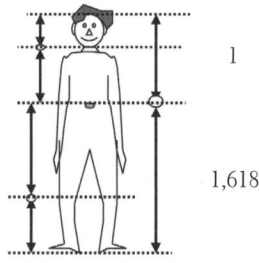

---

[2] Consultamos a 2ª edição argentina, de 1959.

Na mão humana também há presença (às vezes só aproximada) da divina proporção nas razões de ossos dos dedos (três falanges em quatro dedos), entre a falange distal e a média, entre a média e a proximal e entre as duas falanges do polegar.

RETÂNGULO ÁUREO

É usual denominar de retângulo áureo aquele cuja razão do lado maior para o menor é igual a τ ≈ 1,618, ou que a/b = τ.

Propriedade 1

Se um retângulo de lados a e b (a > b) é áureo, então, retirando o quadrado de lado b, o retângulo restante é áureo.

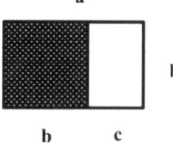

De fato, sendo a = b + c, temos, dividindo por **b**, que a/b = 1 + c/b; ou, já que o retângulo é áureo, temos a/b = τ, portanto τ = 1 + c/b. Porém τ = 1 + 1/τ, logo, comparando, temos que b/c = τ, de onde se conclui que o retângulo restante também é áureo.

Propriedade 2

A razão da área do quadrado retirado para a área do retângulo áureo restante é igual a τ.

$S_{Quadrado} / S_{Retângulo\ restante}$ = b² / b c = b /c = τ, e também:

A razão da área do retângulo áureo inicial para a área do quadrado retirado é igual a τ.

Segundo M. Gardner (1961), em 1884 foi publicado o livro *Der Goldene Schnitt*, escrito por Adolf Zeising, que afirmava que a razão áurea é a mais artisticamente agradável de todas as proporções. Em seguida foram publicadas as obras *Nature's Harmonic Unity*, em 1913, de Samuel Colman, e *The Curves of Life*, em 1914, de Theodore Cook.

Gardner ainda nos narra que o próprio Salvador Dali em *The Sacrament of the Last Super, do* acervo da National Gallery of Art / Washington, o teria pintado dentro de um retângulo áureo e usado outros para posicionar as figuras.

É bem possível que a presença frequente do retângulo áureo na arte tenha conduzido os psicólogos germânicos Gustav Theodor Fechner (1801-1887) e Wilhelm Max Wundt (1832-1920) a realizarem experimentos sobre o visual estético de retângulos, talvez para dar suporte empírico à perspectiva de Zeising, medindo muitas janelas, livros e outras formas retangulares, bem como entrevistando pessoas sobre visuais retangulares. Consta que a preferência recaiu sobre aqueles retângulos que apresentavam razões próximas de tau. Talvez esses resultados tenham levado as indústrias à construção de cartões postais, espelhos, folhas de papel e outros objetos retangulares sob essa proporção.

ESPIRAL ÁUREA RETANGULAR

Inicia-se com um pequeno retângulo áureo. Usamos o procedimento inverso, não retiramos o quadrado de seu lado maior, mas o acrescentamos. Construímos um quadrante de circunferência com centro no vértice comum ao quadrado e ao retângulo áureo anterior.

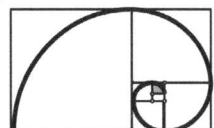 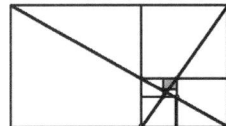

Repetimos essa construção sucessivamente, obtendo uma espiral equiangular.

É interessante observar que os arcos de circunferência satisfazem a um dos dois princípios de concordância:[3]

> **Os centros de dois arcos concordantes e o ponto de tangência (de contato) estão na mesma reta.**

Esse princípio é necessário, já que obriga as tangentes (cada arco) a coincidirem quando no ponto de contato, daí a concordância perfeita, suave e esteticamente agradável (na figura temos empregado até o sexto centro).

Ao lado da espiral mostramos uma figura correspondente com duas retas, cada uma determinada pelos vértices opostos de retângulos áureos sucessivos (diagonais). O fato marcante é que elas são perpendiculares e concorrentes num ponto Ω, polo para o qual tenderia a espiral caso a construíssemos de fora para seu interior. Os leitores interessados nesse tipo de exploração vão se deleitar ao construírem as bissetrizes dos ângulos dessas perpendiculares e observarem pontos importantes. Também será curioso verificar a razão entre os segmentos de diagonais:[4]

$$D^2 : d^2 = (a^2 + b^2) : (b^2 + c^2) = (\tau^2 + 1) : (1 + 1 / \tau^2) = \tau^2 => D / d = \tau$$

TRIÂNGULOS ÁUREOS

Analogamente a retângulo áureo, conceitua-se triângulo áureo todo triângulo isósceles cuja razão do lado maior para o menor seja igual a τ. Decorre, portanto, a existência de dois tipos de triângulos áureos, respectivamente das formas (36°, 72°, 72°) e 36°, 36°, 108°. Para ambos sabemos que, retirado de um deles o outro, o triângulo restante é áureo da mesma forma do inicial.

---

[3] Outro, não usado aqui, diz respeito à concordância de arco e reta: o centro do arco pertence à reta perpendicular no ponto de contato.

[4] Descoberta por Hough, de Nome/Alaska, conforme carta a Gardner.

Verifica-se, da mesma maneira:

> A razão da área do triângulo áureo retirado para a
> área do triângulo restante é igual a τ; e
> A razão da área do triângulo áureo inicial para
> a área do triângulo retirado é igual a τ.

ESPIRAL ÁUREA TRIANGULAR

Iniciamos com um triângulo áureo pequeno do primeiro tipo e, de novo, usamos o procedimento inverso. Não retiramos, mas acrescentamos um triângulo áureo do segundo tipo.

Com centro em vértice comum aos dois triângulos construímos o arco de 108°, cuja extremidade deve coincidir com o vértice do segundo triângulo áureo.

Repetimos essa construção sucessivamente, obtendo a espiral áurea triangular.

Observar que, ao construirmos um triângulo áureo da forma 36°, 36°, 108°, justaposto aos anteriores, obtemos também triângulo áureo da forma 36°, 72°, 72° recompondo o inicial. Cada vez que construímos um áureo da forma 36°, 72°, 72°, superposto aos anteriores, obtemos um áureo da forma 36°, 36°, 108° justaposto. Na figura fizemos a espiral até quatro arcos.

Analogamente, à espiral de retângulos áureos, nessa espiral as medianas de dois triângulos áureos sucessivos do tipo 36°, 72°, 72° são concorrentes no polo para o qual tenderia a espiral, e os seus segmentos estão na razão tau.

CAPÍTULO 2
PEÇAS DE PENROSE E MÁSCARA DO BATMAN

INTRODUÇÃO: Estudamos no capítulo anterior os triângulos companheiros. Neste, vamos cuidar de certas peças empregadas por Penrose,[5] agora como material pedagógico derivado daquele, porém sem nos preocuparmos com o seu objetivo.[6] Acrescentamos uma nova peça, também composta de triângulos companheiros. Estamos introduzindo-a com a denominação "Máscara do Batman" em razão de sua aparência.

A - PIPA, ASA-DELTA E ROMBOS

Conectando dois triângulos companheiros da forma triangular 36°, 72°, 72°, tipo C (ou A), formamos um quadrilátero convexo chamado *kite* (pipa), brinquedo usado pelas crianças para empinar ao vento, que entre nós recebe também os nomes papagaio ou maranhão.

Conectando dois triângulos companheiros da forma triangular 36°, 108°, 36°, tipo B (ou D), formamos um quadrilátero côncavo, denominado, como o primeiro, por Conway, de *dart* (dardo, lança). Nós preferimos chamá-lo de "asa-delta".

É interessante observar que uma das diagonais da pipa tem o mesmo comprimento de dois de seus lados, e a asa-delta tem dois de seus lados com o mesmo comprimento que os dois lados maiores da pipa e uma diagonal igual ao seus lados menores.

Penrose usou, além de outras peças,[7] nas suas telhas, dois tipos de *rombos* (losangos): rombo "magro" e rombo "gordo", respectivamente com dois triângulos companheiros cada um, no primeiro dois tipo C (ou A) e no segundo dois tipo D (ou B).

---

[5] Roger Penrose, premiado em 1988 com o Wolf Prize para físicos, juntamente com outro cientista.

[6] Obtenção de "telhas" de pavimentação não periódica do plano.

[7] *Ace, deuce, jack, queen* e *king*.

Comentários educacionais: Para cada peça recomendamos uma exploração relativa aos seus ângulos interiores.

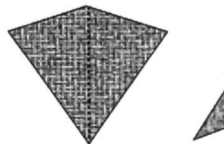
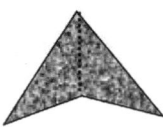

Pipa e asa-delta (*kite* e Penrose)
grande e pequena, com 2A (ou 2C) e 2B (ou 2D)

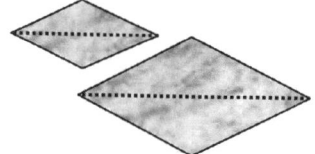

Rombos de Penrose:

Estreitos ("magros")   Largos ("gordos")
pequeno (2C) e grande (2A)   pequeno (2D) e grande (2B)

MÁSCARA DO BATMAN

Introduzimos uma nova peça, a qual denominamos "Máscara do Batman", pela sua semelhança com a usada por esse herói de filmes e histórias em quadrinhos.

Conectamos três triângulos companheiros, dois da forma angular 36°, 72°, 72°, tipo C, e um da forma 36°, 36°, 108°, tipo D, formando um pentágono côncavo com ângulos de 36° nas orelhas, 252° na concavidade e dois de 108° na base.

A nova peça: Máscara do Batman

C - CONSTRUINDO FIGURAS USANDO PIPAS, ASAS-DELTAS E ROMBOS

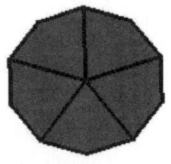

Decágono regular   Estrelado de cinco pontas (decágono
convexo com cinco pipas   equilátero côncavo) com cinco asas-deltas

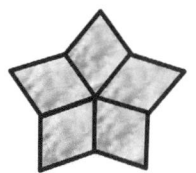 

Estrelado de cinco pontas
(decágono equilátero côncavo)
de cinco rombos largos.

Estrelado de 10 pontas
(decágono equilátero côncavo)
de 10 rombos estreitos.

Comentários educacionais: Além das construções, são adequadas explorações dos ajustes das peças componentes das figuras em seus centros.

D- AMPLIANDO RADIALMENTE AS FIGURAS (CONSERVANDO AS SIMETRIAS)

E - CONSTRUINDO FIGURAS COM A MÁSCARA

Decágono Regular   Decágono Ovalizado   Sinuosidades (ou Cobra)

Decágonos regulares por anéis circulares   Decágono semirregular com furo pentagonal

NOTA: Que tal construir uma espiral com os dois ramos no sentido horário?! (Sugestão: Ver espiral com TC no cap.1).

F - FIGURAS COMBINANDO MÁSCARA DO BATMAN COM PEÇAS DE PENROSE

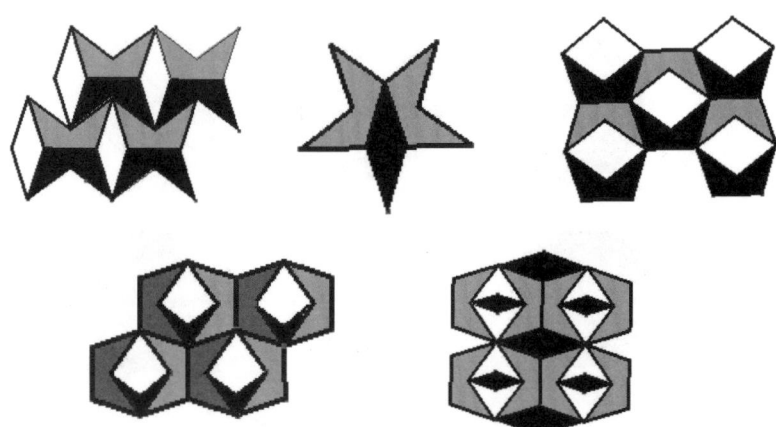

G - SOBRE PENROSE

Roger Penrose, da Universidade de Oxford (Inglaterra), convivia com grande interesse pela matemática recreacional, gosto compartilhado com seu pai (médico). Seus pendores iniciais foram pela medicina; entretanto, a despeito de ter obtido seu doutorado em geometria algébrica e ter contribuído com importantes trabalhos em teoria da relatividade e física quântica, fascinou-se pela cobertura de superfícies com figuras pré-fixadas. Nessa linha de investigação em "telhas" de pavimentação não periódica citamos os estudos de Hao-Wang, Robert Breger, Donald Knuth, Raphael Robinson, Robert Amanam e, mais recentemente, por Horton Conway e Petra Gummelt.

Em particular, sua descoberta no campo de padrões não periódicos reduziu sua própria descoberta de muitas peças para seis, e, final e incrivelmente, a *só duas peças*.

Curiosamente contribuiu junto com seu pai com vários *puzzles* em matemática recreacional. São criadores no campo das "figuras impossíveis" (equívocos da visão ou figuras incompreensíveis, conforme o título da obra de Bruno Ernst, *Das Verzauberte Auge, Unmögilche Objekte und Mehrdeutige Figuren*), com a TRIBARRA e a TETRABARRA, claramente de construção real impossível.

Valoriza essa criatividade o fato que esses dois esquemas foram empregados por Escher,[8] que em 1958 fez a litografia *Belvedere*, em 1960 produziu *Ascending and Descending* também com o apoio da tetrabarra e, em 1961, o magnífico *Waterfall*, com recurso de duas tribarras.

Belvedere - 1958

---

[8] Maurits Cornelis Escher (Holanda, 1898-1972), famoso artista gráfico. O interessado encontrará algum material de sua vida e obra em BARBOSA, 1993, e em SCHATTSCHNEIDER, 2004.

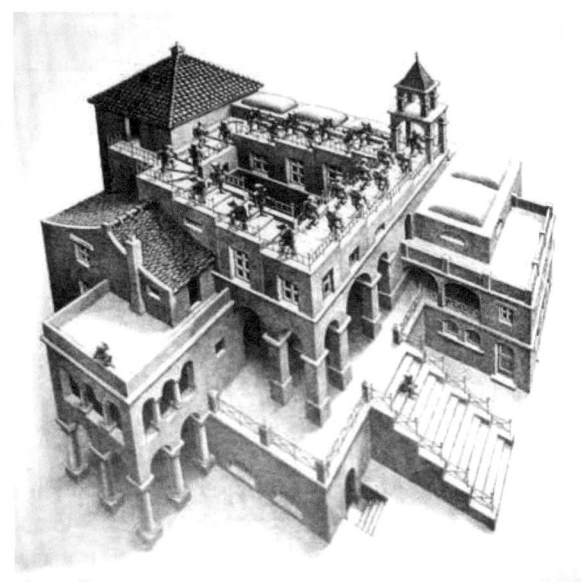

Ascending and Descending - 1960

Waterfall - 1960

H - TESSELAÇÕES COM PEÇAS DE PENROSE

Oferecemos a seguir quatro ilustrações de tesselações com peças de Penrose.

a) com os rombos (losangos)

b) com pipas e asas-deltas

I - UM POUCO DA MATEMÁTICA SUBJACENTE ÀS RAZÕES ENTRE PEÇAS DE PENROSE

Damos ao interessado as razões entre as áreas de peças de Penrose:

PIPA E ASA-DELTA

Pipa = 2 peças TC tipo A

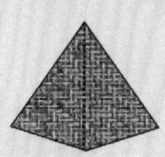 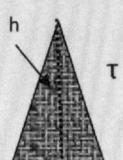

Área de A = $h/2$, mas $h^2 = \tau^2 - (1/2)^2 = \tau^2 - 1/4 = (4\tau^2 - 1)/4 =$
$= [4(1+\tau) - 1]/4 = (3 + 4\tau)/4 \Rightarrow h = [\sqrt{(3 + 4\tau)}]/2$
$\Rightarrow$ Área de A $= [\sqrt{(3 + 4\tau)}]/4 \Rightarrow$ **Área da pipa** $= [\sqrt{(3 + 4\tau)}]/2$

Asa-delta = 2 peças TC tipo B

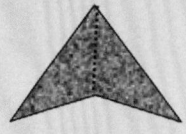 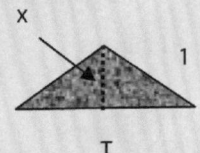

Área de B = $(\tau \cdot x) / 2$, mas $x^2 = 1 - (\tau/2)^2 = 1 - \tau^2/4 = (4 - \tau^2)/4$
$\Rightarrow x = [\sqrt{(4 - \tau^2)}]/2 \Rightarrow$ Área de B = $\tau \cdot [\sqrt{(4 - \tau^2)}]/4$
$\Rightarrow$ **Área da asa-delta** = $\tau \cdot [\sqrt{(4 - \tau^2)}]/2 =$
$= \tau \cdot \{\sqrt{[4 - (1 + \tau)]}\}/2 = \tau \cdot [\sqrt{(3 - \tau)}]/2 =$
$= \{\sqrt{[\tau^2(3 - \tau)]}\}/2 = \{\sqrt{[(1 + \tau)(3 - \tau)]}/2 =$
$= [\sqrt{(3 + 3\tau - \tau - \tau^2)}]/2 = [\sqrt{(3 + 2\tau - 1 - \tau)}]/2$
$\Rightarrow$ **Área da asa-delta** = $[\sqrt{(2 + \tau)}]/2$

Razão da área da pipa para área da asa-delta

Área da pipa / área da asa-delta = $[\sqrt{(3 + 4\tau)}]/[\sqrt{(2 + \tau)}]$

Porém, temos 4 (área da pipa)^2 = $3 + 4\tau = 2 + 3\tau + 1 + \tau = 2 + 3\tau + \tau^2$
(trinômio que fatorado fornece) = $(1 + \tau)(2 + \tau) = \tau^2(2 + \tau) =$
= $4\tau^2$ (área da asa-delta)^2

> **Área da pipa / Área da asa-delta = $\tau_4 \approx 1{,}618$**

NOTA: A razão é *citada* em PENROSE, 1978, 1979, 1984.
A *prova é nossa* (13/01/08, 23h41min), suposta inédita.

ROMBOS

RMG (rombo magro grande) = 2 TC tipo A
RGG (rombo gordo grande) = 2 TC tipo B

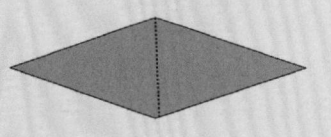 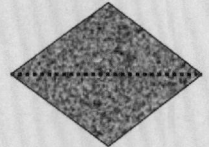

Área do RMG = 2 A = área da pipa e
Área do RGG = 2 B = área da asa-delta
Porém, provamos que (área da pipa) / (área da asa-delta) = τ
Portanto, em consequência, resulta na razão entre rombos grandes:

> **Área da pipa / Área da asa-delta = $\tau_4 \approx 1{,}1618$**

e, analogamente, teríamos a mesma razão entre rombos pequenos.

NOTA: Acreditamos que razão e prova são nossas (14/01/08, à 0h28min).

CAPÍTULO 3
SUCESSÃO DE FIBONACCI – NÚMEROS UBÍQUOS

Introdução: Já tivemos um pequeno contato com a sucessão de Fibonacci no Cap 1. Neste, estudaremos essa sucessão procurando fornecer ao educador ou mesmo ao matemático interessado um maior número de informações e desenvolvimento mais detalhado.

A – A SUCESSÃO DE FIBONACCI - CONCEITO E GÊNESE

CONCEITO

Denomina-se sucessão de Fibonacci a sequência dada pelos valores iniciais $f_1 = 1$ e $f_2 = 1$ e pela recorrente $f_n = f_{n-1} + f_{n-2}$ ($n \geq 3$), ou qualquer recorrente equivalente, por exemplo, $f_{n+1} = f_n + f_{n-1}$ ($n \geq 2$) e $f_{n+2} = f_{n+1} + f_n$ ($n \geq 1$).

Da definição segue sua listagem ordenada:

$$1, 1, 2, 3, 5, 8, 13, 21, 34, 55, 89, 144, ...$$

Variando só os termos iniciais, obtêm-se extensões da sucessão de Fibonacci; assim, usando os iniciais $L_1 = 2$ e $L_2 = 1$ e a recorrente $L_n = L_{n-1} + L_{n-2}$ ($n \geq 3$) temos a sucessão de Lucas [9]

$$2, 1, 3, 4, 7, 11, 18, 29, 47, 76, 123, ...$$

É curioso que $f_{n-1} + f_{n+1} = L_{n+1}$, por exemplo $f_6 + f_8 = 29 = L_8$.

A sua generalização se obtém com iniciais $FG_1 = a$ e $FG_2 = b$; e mantendo a recorrente $FG_n = FG_{n-1} + FG_{n-2}$. Agora, curiosamente, temos a $f_{n-1} + b \cdot f_{n-2} = FG_n$, de onde podemos obter a relação acima com a de Lucas.

---

[9] Édouard Lucas (1842-1891), francês, autor de várias obras; aliás, foi quem chamou a outra de sucessão de Fibonacci.

GÊNESE

A sucessão de Fibonacci surgiu de um problema de coelhos, inserido num livro publicado em 1202, o *Líber Abaci*[10] (Livro de Cálculos), cujo autor foi Leonardo Pisano.

Leonardo Pisano, como era conhecido, nasceu em Pisa, Itália, em 1175, na mesma época da construção da famosa torre inclinada, de onde vem seu nome. Quando ainda menino, viajou pelo norte da África com seu pai, Guglielmo Bonacci, coletor oficial de um entreposto de mercadores, em Bougie (Algéria). Lá teve um educador que lhe ensinou os numerais indo-arábicos e, provavelmente, reconheceu a sua vantagem sobre os numerais romanos. Na mocidade empreendeu viagens pela costa mediterrânica, visitando Egito, Grécia, Constantinopla, indo até a Síria e o sul da França, tendo a oportunidade de comparar os métodos de cálculo.

De volta e convencido da superioridade da matemática que tinha adquirido, escreveu seu *Líber Abaci*, sob o nome de Fibonacci, oriundo da contração de Filho (do latim *Filius*) e Bonacci, dedicando-se à adoção do sistema numérico indo-arábico.[11]

O problema inserido nesse livro por Fibonacci, na forma usual persa (histórico-recreativa), sobre criação de coelhos pode ser posto com o enunciado seguinte:

> - Um casal novo de coelhos foi colocado num cercado;
> - Todo mês, cada casal adulto de coelhos produz um novo casal;
> - Cada casal só procria após dois meses quando fica adulto;
> - Supondo que não haja morte de qualquer casal, quantos casais existirão no cercado após um ano?

Tentativa de resolução

Podemos tentar resolver o problema por meio do recurso da árvore de possibilidades considerando os dois esquemas possíveis:

a) de casal adulto (A) resulta no mês seguinte o mesmo casal adulto e um casal novo (N).

b) de casal novo (N) resulta no mês seguinte apenas o próprio casal já adulto (A).

---

[10] Fibonacci escreveu outros livros, mas não relacionados com a sucessão.

[11] É interessante notar que esse sistema era utilizado na época em todo norte da África e leste da Ásia e, em particular, na península Ibérica (Portugal e Espanha) sob o domínio e a influência da invasão moura.

Construamos a árvore dos casais conforme os meses.

Mês	Árvore dos casais	Totais
1	N	1
2	A	1
3	A N	2
4	N A A	3
5	A N A A N	5

É óbvio que talvez possamos continuar a construção até o mês seis, quando encontra-se o total de oito casais, e até o mês sete, quando teremos o total de 13 casais. Caberia então um recurso usual de dividir a árvore em subárvores; mas, assim mesmo, seria um verdadeiro emaranhado, impossibilitando que chegássemos até o último mês. Contudo, percebe-se que os totais são os termos de uma sucessão que pode ser obtida somando sempre os dois termos anteriores, o que levaria à resposta procurada.

Entretanto, em função dos dois esquemas de mês para mês seguinte, é possível obtermos a lei de formação e os dados numéricos com relativa facilidade, empregando uma tabela com três colunas numéricas: a primeira de casais novos, a segunda de casais adultos e a terceira dos totais (simples soma das anteriores).

Teremos para essas duas colunas os padrões:

a) O número de casais novos em cada mês é igual ao número de casais adultos do mês anterior;

b) O número de casais adultos em cada mês é igual à soma dos casais adultos com o número de casais novos do mês anterior.

MESES	NOVOS	ADULTOS	TOTAIS
1	1	0	1
2	0	1	1
3	1	1	2
4	1	2	3
5	2	3	5
6	3	5	8
7	5	8	13
8	8	13	21

Essa tabela poderá ser construída até onde desejarmos; por exemplo, até decorridos supostos 12 meses e descobrirmos a resposta ao problema proposto.

Entretanto, preferimos provar que o número de coelhos aumenta mensalmente conforme a recorrente.

Usando o primeiro padrão no segundo:

– O número da coluna de adultos em cada mês é igual à soma dos números de casais adultos dos dois últimos meses.

Assim, indicando com A_n o número de adultos no mês n teremos

$$A_n = A_{n-1} + A_{n-2} \ (n \geq 3)$$

Mas, como a coluna de totais é igual a de adultos deslocada, com $T_n = A_{n+1}$ teremos:

$$T_{n-1} = T_{n-2} + T_{n-3} \ (n \geq 4)$$

ou então, indicando com a notação f (de Fibonacci) teremos

$$f_n = f_{n-1} + f_{n-2} \ (n \geq 3).$$

B – OS NÚMEROS DE FIBONACCI NA NATUREZA

A ocorrência da sucessão de Fibonacci na natureza é frequente, daí chamá-la de *ubíqua*, como acontece com vários números e sucessões numéricas.

Os estudantes do ensino fundamental ou médio têm oportunidade de se deparar com números ubíquos – como é o caso do número π (pi) – em várias questões da geometria plana ou espacial, por exemplo, no comprimento da circunferência e na área do círculo, na área ou volume de corpos redondos ou então na trigonometria. Entre outros ubíquos, citamos o número "e", os números de Stirling e os números de Catalan.

Na natureza, da mesma maneira, verifica-se a ubiquidade dos números de Fibonacci, em face de sua presença frequente.

ESPIRAIS

Assim, cremos que uma fruta usual, e bastante conhecida, como é o caso do abacaxi, se apresenta como um notável exemplo da presença dos números de Fibonacci na natureza.

A superfície externa (casca) do abacaxi é coberta por rede de sulcos que formam padrões hexagonais. Cada célula hexagonal pertence a três espirais, uma aproximadamente vertical e duas inclinadas, uma no sentido horário e outra anti-horário, porém com números respectivos de formas hexagonais iguais a 8, 13 e 21 (FIG. 1), na qual se observam as três espirais pintadas, ou de outra espécie 13, 21, 34, mas também números de Fibonacci. Na FIG. 2 observa-se no abacaxi Havaí dois tipos de espirais (uma com 5 e outra com 8) com rede de sulcos formando padrões geométricos quadrangulares.

FIGURA 1 　　　　FIGURA 2 　　　　FIGURA 3

Na FIG. 3 procuramos realçar numa pinha os dois tipos de espirais por fendas, com 8 e 13 pequenos "cones" (ou 13 e 21).

Fatos análogos são verificados com a fruta do conde (nona), xenopia e fruta silvestre, respectivamente FIG. 4, FIG. 5 e FIG. 6.

FIGURA 4    FIGURA 5    FIGURA 6

Também as alcachofras (FIG. 7) possuem as pétalas posicionadas em dois conjuntos de espirais, uma com cinco e outra com oito pétalas. Mais espetaculares são as duas espirais dos grãos de sementes do girassol, uma no sentido dos ponteiros de um relógio e outra no sentido oposto; em geral com 34 e 55 grãos respectivamente, mas as espécies maiores apresentam 55 e 89, e as gigantes, 89 e 144. Consta-nos que já se encontraram girassóis (FIG. 8) com desvios ocasionais, contudo com preponderância para os "fibonaccianos".

FIGURA 7    FIGURA 8

Entre as pequeninas frutas encontramos a amora (FIG. 9) com sua superfície de saliências arredondadas obedecendo o padrão de contagem com números de Fibonacci; os morangos (FIG. 10) com espirais fibonaccianas e as pitangas (FIG. 11) com sulcos num só sentido formando oito (número de Fibonacci) gomos.

FIGURA 9   FIGURA 10

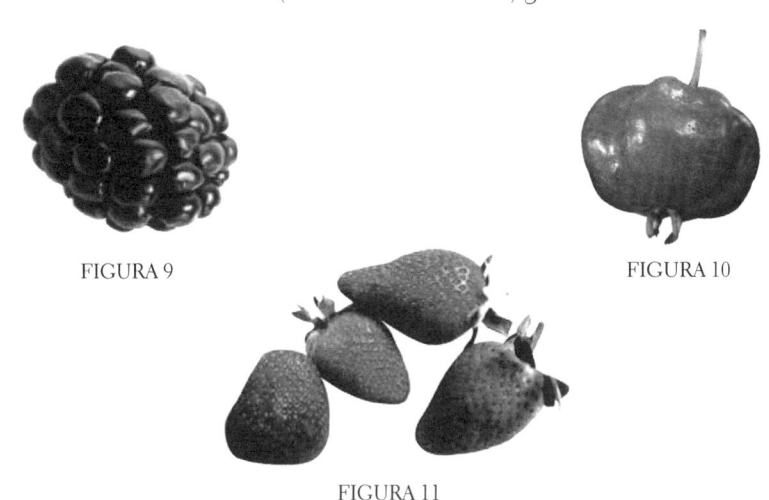

FIGURA 11

PÉTALAS

Em geral, a maioria das plantas possui as flores com o mesmo número de pétalas, e entre elas é fascinante a supremacia da tendência para números de Fibonacci. Por exemplo, a coroa de cristo tem duas, alguns lírios têm três pétalas. Por outro lado, as margaridas (bem me quer, mal me quer ...) possuem ou 13, ou 21, ou 34 pétalas, como algumas das coloridas gérberas que chegam a 55 ou mais pétalas.

O número cinco, quinto da sucessão de Fibonacci, talvez seja o mais frequente entre as flores. É importante, no entanto, importante ter em mente que essa manifestação da sucessão não chega a ser uma lei; variações são comuns. Algumas apresentam até números de Lucas, como é o caso das pequenas kalanchoe, que apresentam quatro pétalas (quarto de Lucas).

BLOCOS

Ousamos[12] inserir alguns comentários sobre o número de flores de certas orquídeas desde que constatamos aparecerem em blocos de três, como se pode verificar na primeira foto abaixo. Nela temos dois blocos com aparência de um leque e um bloco de três botões, prontos para desabrocharem; na segunda, um bloco de oito flores.

---

[12] Não encontramos referências a blocos ou compartimentos.

COMPARTIMENTOS OU PARTES

Destacamos nas vagens seus compartimentos. Nas fotos a seguir visualizam-se cinco na espécie menor e mais fina e exatamente oito na maior e mais grossa. Merece mencionarmos o número de "dentes" (partes) em várias espécies de alho (terceira foto).

FOLHAS

A Filotaxia, de *phyllon* (folha) + *táxis* (arranjo), portanto disposição das folhas, tem um outro aspecto julgado adequado a ser aqui inserido (mesmo resumidamente) e é aquele do número de folhas após darmos voltas completas ao redor do seu ramo. Assim, em muitas espécies de plantas, suas folhas ocorrem alternativamente sobre dois lados opostos, então se diz que elas são **1/2 filotáxica**. Analogamente, outras envolvem uma rotação de um terço de volta, portanto, são **1/3 filotáxica**; da mesma maneira temos as **2/5, 3/8, 5/13**, etc. filotáxicas. Reconhece-se nessas frações (ou razões filotáxicas) números de Fibonacci alternados. Conforme Weyl (1952), é óbvio (?!) que essas razões, se obtidas por rotações no sentido oposto, forneceriam 1/2, 2/3, 3/5, 5/8, 8/13, etc., agora com números consecutivos da sucessão de Fibonacci. A seguir procuraremos esclarecer a razão filotáxica, no caso por exemplo da cerejeira:

Seja O a posição de uma folha inicial, contorna-se o ramo no sentido anti-horário (na figura de cima, em forma espiralada para facilitar a explicação) até encontrar outra folha, ocupando análoga posição. Na situação passa-se pela folha 1 após girar 144°, pelas folhas 2, 3 e 4 após giros de 144° e finalmente mais 144°, chegando à folha 5 que ocupa a mesma disposição da folha 0 inicial. Como giramos cinco vezes 144° num total de 720°, temos dado **duas voltas** passando por **cinco folhas**, tendo a **2/5** filotaxia.

Porém, efetuando as rotações no sentido oposto, o horário, teremos a figura seguinte, obtida com cinco giros sucessivos de 216°, ou 1080° que correspondem a **três voltas**, passando por **cinco folhas**. Temos então, a razão **3/5**.

A título de informação oferecemos as razões: 1/2 (olmo ou ulmo), 1/3 (avelã), 2/5 (damasco e carvalho), 3/8 (pera) e 5/13 (amêndoa).

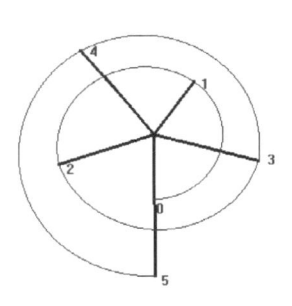

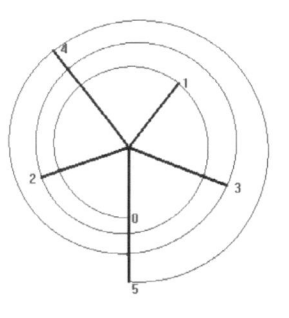

Comentário: O leitor entenderá que a maioria dos dados apresentados não é fruto de nossas investigações diretas, mas obtidas de terceiros; porém, similarmente, com plantas próximas à comunidade, poderiam ser complementadas a interessantes projetos de educação matemática tanto no nível do ensino fundamental como do médio ou até mesmo em disciplina da licenciatura.

C - UBIQUIDADE DOS NÚMEROS DE FIBONACCI EM PROBLEMAS

Curiosamente os números de Fibonacci surgem em situações-problema inesperadas. Estudaremos, pois, algumas delas.

Situação-problema 1 – Faces e Coroas

Situação: São realizados n lançamentos de uma moeda.

Problema: Quantas são as sucessões sem duas faces consecutivas?

Descobrindo: Sejam as indicações C para coroa, F para face e S_n o número de sucessões de n lançamentos que satisfazem a condição do problema.

n = 1 → C   F   => $S_1 = 2$

n = 2 → CC   FC

         CF   => $S_2 = 3$

n = 3 → CCC FCC

         CCF FCF

         CFC   => $S_3 = 5$

Já que 2, 3 e 5 são os números de Fibonacci f_3, f_4 e f_5, é plausível esperarmos que seja $S_4 = f_6$. Vejamos se é credível nossa inferência:

n = 4 → CCCC FCCC

         CCCF FCCF

         CCFC FCFC

         CFCC

         CFCF   => $S_4 = 8 = f_6$

De onde, inferimos que $S_n = f_{n+2}$

Prova: As sucessões com n lançamentos podem terminar

a) com C, - - - .... - - | C, temos antes de C S_{n-1} sucessões

b) com F, - - - ... ... - - - | C F, temos antes do F a obrigatoriedade de C, então S_{n-2} sucessões;

portanto $S_n = S_{n-1} + S_{n-2}$, que é a mesma recorrente da sucessão de Fibonacci.

Segue que de fato $S_n = f_{n+2}$ $(n \geq 1)$.

Situação-problema 2 – Subindo escada

Situação: Dispõe-se de uma escada com n degraus.

Problema: De quantas maneiras a menina Sofia pode subi-la, já que poderá ir de degrau em degrau, ou pular qualquer um à sua vontade?

Descobrindo: Indiquemos com M_n o número de maneiras solicitado.

n = 1 $\qquad\qquad\qquad\qquad\qquad\qquad\qquad$ $M_1 = 1$

n = 2 $\qquad\qquad\qquad\qquad\qquad\qquad\qquad$ $M_2 = 2$

n = 3 $\qquad\qquad\qquad\qquad\qquad\qquad\qquad$ $M_3 = 3$

Inferência: $M_4 = 4$ (então seria em geral $M_n = n$); mas vamos conferir para verificarmos a credibilidade da inferência.

n = 4

$M_4 = 5$

Portanto a inferência foi **prematura**.[13] Agora, reformulando-a para $M_n = f_{n+1}$ ela é verdadeira para os seguintes; daí fornecermos uma demonstração de sua validade em geral.

Prova: A menina pode concluir a subida da escada de duas maneiras.

a) ter vindo do degrau n – 1, ela tem M_{n-1} maneiras;

b) ter vindo do degrau n – 2, ela tem M_{n-2} maneiras.

E em consequência temos a recorrente $M_n = M_{n-1} + M_{n-2}$ ($n \geq 3$), que é formalmente idêntica à recorrente de Fibonacci, ou que $\mathbf{M_n = f_{n+1}}$ $(\mathbf{n \geq 1})$.

---

[13] Várias inferências realizadas, mesmo por famosos matemáticos, foram prematuras. Por exemplo, o trinômio $n^2 + n + 11$ forneceria primos para n de 0 a 9, mas para n = 10 fornece o composto 121 e com $n^2 + n + 41$ para 40 valores, de 0 a 39, fornece números primos, mas para 40 temos o número composto .41^2; daí a necessidade de prova para os matemáticos. No ensino-aprendizagem do ensino fundamental ou médio, a prova é muitas vezes dispensável, desde que bastaria o convencimento do educando de sua veracidade.

Ilustração: Para escada com 10 degraus, Sofia tem $M_{10} = f_{11} - 1 = 88$ maneiras para subi-la nas condições propostas pelo problema.

Sugestão educacional: Ainda que os esquemas anteriores de escada ou a descoberta com os alunos em alguma escada da escola sejam motivadores, o educador pode optar por uma codificação numérica. Por exemplo, no caso de três degraus, teria as notações das três subidas

1 2 3
1 3 (pulando o degrau 2)
2 3 (pulando o degrau 1)

de onde emergiria a recorrente, separando em iniciar

a) no degrau 1 (f_{n-1})
b) no 2 pulando o 1 (f_{n-2}).

Situação-problema 3 – Caminhos progressivos

Situação: Dispõe-se de uma rede quadrangular n x n.

Problema: Determinar o número de caminhos progressivos de um canto até a diagonal, desde que não possua segmentos verticais consecutivos.

Preliminares: É usual chamar de caminho progressivo a toda sucessão de segmentos da rede, tais que do ponto (i; j) passou-se ao ponto (i + 1; j) caminhando para leste ou ao ponto (i; j + 1) caminhando para norte.

Os alunos do ensino médio sabem que da origem (0; 0) ao ponto (p; q) existem caminhos progressivos.

$$\binom{p+q}{q} = \frac{(p+q)!}{p!\,q!}$$

A variedade de problemas relativos, elementares ou avançados é muito grande.

O problema proposto é fascinante, e a solução que apresentamos não é usual:

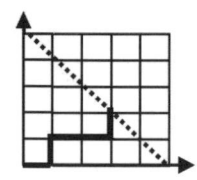

Indiquemos segmento horizontal com H e segmento vertical com V; por exemplo, o caminho progressivo da rede 5 x 5 será dado pela sucessão HVHHV. Reciprocamente dada uma sucessão de letras H e V, a ela corresponde um caminho progressivo.

Ora, assim colocado, o nosso problema corresponde a determinar o número de sucessões com n letras H e V tais que não possuam duas letras V consecutivas, que se identifica, por isomorfismo, com a situação-problema 1. Em consequência, resulta que o número de caminhos progressivos até a diagonal de uma rede n x n nas condições do problema é dado por $C_n = f_{n+2}$.

Comentário: No entanto, talvez fosse mais adequado deixar os alunos descobrirem por inferência plausível, construindo, para cada caso particular, todos os caminhos progressivos válidos.

Situação-problema 4 – Problema das composições

Situação: Dispõe-se de um inteiro positivo n.

Problema: Determinar o número de composições de n que *não possuem* a parcela 1.

Preliminares: Chama-se *partição* de um número inteiro positivo qualquer soma indicada de parcelas positivas que seja igual ao número, no caso de a ordem das parcelas ser irrelevante.

Exemplos: 2 5 é partição binária de 7, e 5 2 é a mesma partição, em que a notação usual dos matemáticos não emprega o sinal + entre as parcelas. As partições de 5 são:

unitária	binárias	ternárias	quaternárias	quinária
5	1 4 e 2 3 1	1 3 e 1 2 2	1 1 1 2	1 1 1 1 1

Analogamente chama-se *composição* de um inteiro positivo qualquer soma de parcelas positivas igual ao número; portanto a ordem é relevante (as parcelas podem aparecer permutadas).

Exemplos: 1 3 2 é composição de 6, mas 3 1 2, 3 2 1, 1 2 3, 2 1 3 e 2 3 1 são também composições de 6.

Descobrindo:

n = 2	2	1 1				$C_2 = 1$
n = 3	3	1 2	1 1 1			
		2 1				$C_3 = 1$
n = 4	4	1 3	1 1 2	1 1 1 1		
		3 1	1 2 1			
		2 2	2 1 1			$C_4 = 2$
n = 5	5	1 4	1 1 3	1 1 1 2	1 1 1 1 1	
		4 1	1 3 1	1 1 2 1		
		2 3	3 1 1	1 2 1 1		
		3 2	1 2 2	2 1 1 1		
			2 1 2			
			2 2 1			$C_5 = 3$

Nota: Simplifica-se a tabela já eliminando aquelas com 1.

n = 6	6	2 4	2 2 2	
		4 2		
		3 3		$C_6 = 5$

Observando os valores obtidos, infere-se que $C_n = f_{n-1}$ (n > 1)

Ilustração: O número de composições de 8, sem o 1, é $f_7 = 13$.

Situação-problema 5 – Retângulos de dominós

Situação: Dispõe-se de dominós (retângulos 2 x 1).

Problema: Quantos retângulos 2 x n podemos formar com os dominós?

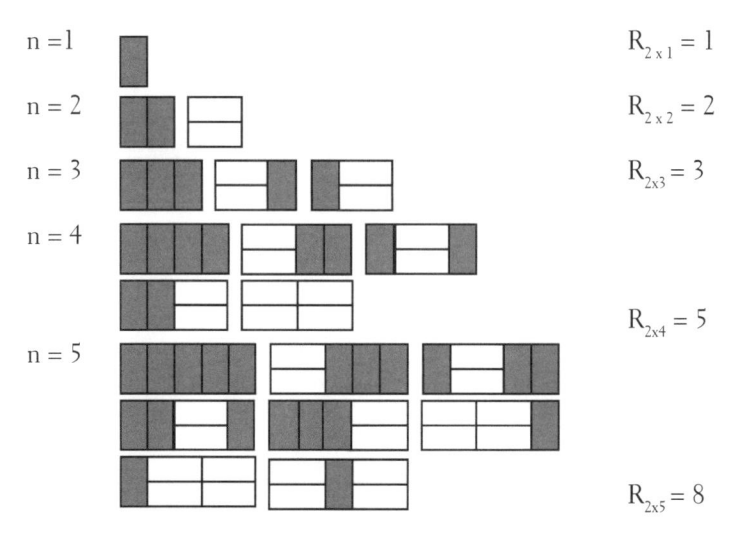

n = 1 $R_{2 \times 1} = 1$

n = 2 $R_{2 \times 2} = 2$

n = 3 $R_{2 \times 3} = 3$

n = 4

                                                $R_{2 \times 4} = 5$
n = 5

                                                $R_{2 \times 5} = 8$

Novamente estamos com a agradável "intromissão" de números de Fibonacci, agora com a inferência $R_{2 \times n} = f_{n+1}$ (n ≥ 2).

Prova: É simples e consiste em obter a recorrente, uma parcela oriunda de retângulos com último em vertical, e outra parcela decorrente de retângulos terminando com dois horizontais.

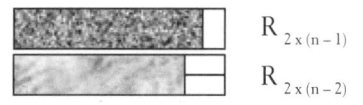

$R_{2 \times (n-1)}$

$R_{2 \times (n-2)}$

Comentário: Outra vez o professor pode optar por um procedimento mais motivador e dinâmico, fornecendo aos grupos de alunos conjuntos de dominós. É conveniente verificar previamente se de fato as peças possuem dimensões 2 por 1.

Situação-problema 6 – Casas e vizinhos[14]

Situação: São dadas n casas alinhadas numa rua; em cada casa mora um menino. Cada garoto pode ficar na sua casa ou só trocar de casa com o vizinho.

Problema: De quantas maneiras distintas esta alocação é possível?

Descobrindo: Seja A_p o número de alocações para p casas.

Usamos os garotos em verticais com gorros numerados, como as casas também em verticais, casa 1, casa 2, etc.

---

[14] Essa situação-problema é transformada do problema 2.16 sugerido em PAGE; WILSON, 1979.

n = 1 $A_1 = 1$

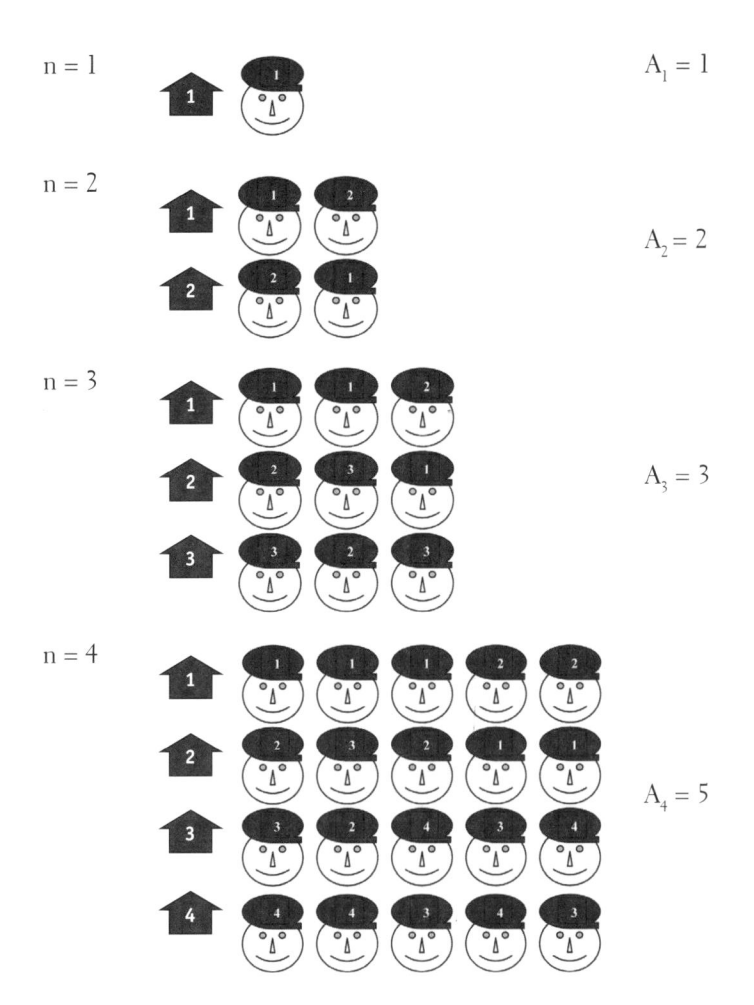

n = 2 $A_2 = 2$

n = 3 $A_3 = 3$

n = 4 $A_4 = 5$

Dos resultados parciais, infere-se que $A_n = f_{n+1}$.

Prova: A demonstração segue a busca da recorrente para A_n.

A primeira parcela correspondendo às alocações com o garoto 1 na sua casa, portanto em número de A_{n-1} (dos garotos 2, 3, ... n), e a segunda parcela oriunda das alocações iniciando com o garoto 2 na casa 1, portanto o garoto 1 necessariamente deve estar na casa 2. Logo, em número de A_{n-2} (dos garotos 3, 4, ... n), de onde emerge a recorrente.

Situação-problema 7 – Lâmpadas apagadas

Situação: Em certa rua existem n lâmpadas. A prefeitura contratou um guarda para substituir as queimadas.

Problema: Qual o número de situações nas quais o guarda *nada tem o que fazer*, já que por medida de economia ele só deve trocar alguma lâmpada se existir duas vizinhas queimadas.

Descobrindo:

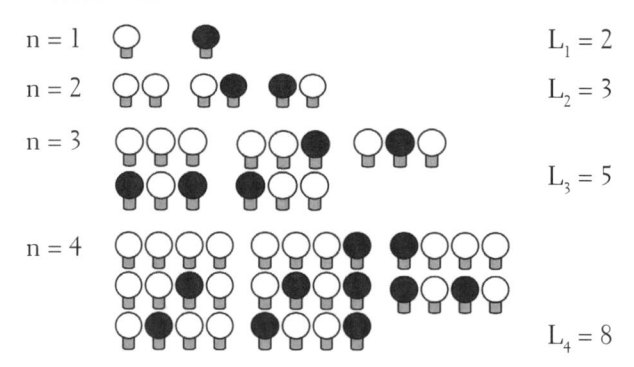

n = 1   ○ ● $L_1 = 2$

n = 2   ○○ ○● ●○ $L_2 = 3$

n = 3   ○○○ ○○● ○●○
        ●○○ ●○● $L_3 = 5$

n = 4   ○○○○ ○○○● ●○○○
        ○○●○ ○○●● ●○○●
        ○●○○ ○●○● $L_4 = 8$

De onde a constatação de nova presença de "Fibonaccianos": $L_n = f_{n+2}$

Aliás, o problema pode ser resolvido identificando-o com sucessões de A (acesa) e Q (queimada), sem possuir dois Q consecutivos.

NOTA: Outra situação-problema que se comporta da mesma maneira é pelo menos aquela de construir pilhas de cubos com cubos de duas cores, por exemplo, brancos e negros, com a restrição de não existirem nas pilhas dois cubos negros vizinhos

Situação-problema 8 – Ordenações ímpar-par[15]

Situação: É dado o conjunto $\{1, 2, 3, ... N\}$.

Problema: Quantas ordenações ímpar-par podem ser formadas usando só elementos do conjunto.

Preliminares: As ordenações ímpar-par são aquelas que começam com ímpar, e sucessivamente pode ser anexado par, ímpar, par, etc.; porém, a ordem dos elementos é crescente. Assim: 1 4 5 8 é um exemplo de ordenação quaternária ímpar-par, de qualquer conjunto $\{1, 2, 3, ... N\}$ com $N \geq 8$; 2 3 não é ordenação ímpar-par já que se inicia com par.

Também 3 6 1 não é ordenação ímpar–par, pois, ainda que satisfaça a alternância, a sua ordem não é crescente.

Descobrindo:

N	Ordenações ímpar–par			O_N
1	1			1
2	1	1 2		2
3	1	1 2	1 2 3	4
	3			
4	1	1 2	1 2 3	1 2 3 4
	3	1 4		
		3 4		7

---
[15] Modificado de um problema de Olry Terquem (1782-1862)

Inferência: Dos totais 1, 2, 4 e 7 de ordenações ímpar-par observa-se que, adicionando uma unidade a cada um, temos 2, 3, 5 e 8, ou respectivamente f_3, f_4, f_5 e f_6. Assim, **é de se prever** que O_5 seja igual a $f_7 - 1 = 13 - 1 = 12$.

Verifiquemos a credibilidade dessa inferência:

```
5  | 1    1 2    1 2 3    1 2 3 4    1 2 3 4 5  |
   | 3    1 4    1 2 5                          |
   | 5    3 4    1 4 5                          |
   |              3 4 5                         | 12
```

Segue que se pode inferir, em geral, que $O_N = f_{N+2} - 1$.

Situação-problema 9 – Abelha caminhando sobre alvéolos

Situação: São dadas duas fileiras de alvéolos (hexagonais);

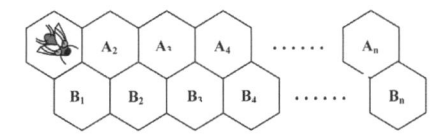

Problema: Por quantos caminhos uma abelha pode caminhar do alvéolo de canto A_1 (esquerdo superior) até os diversos alvéolos, mas só caminhando para a direita?

Esclarecimento: Entenda-se caminhar para a direita qualquer um dos seguintes movimentos:

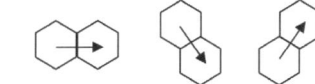

Descobrindo: Indiquemos com CA_i o número de caminhos para atingir o alvéolo A_i e com CB_i para chegar até B_i.

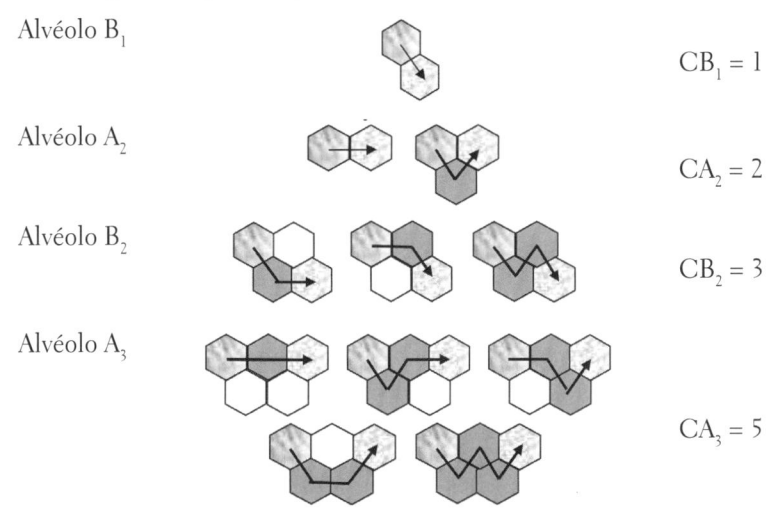

Alvéolo B_1 $CB_1 = 1$

Alvéolo A_2 $CA_2 = 2$

Alvéolo B_2 $CB_2 = 3$

Alvéolo A_3 $CA_3 = 5$

Caramba! Vamos fazer uma pausa e examinar os resultados; na verdade, se acrescentarmos o valor óbvio $CA_1 = 1$, então teremos na primeira fileira de alvéolos os valores 1 e 2, e na segunda, os valores 1, 3 e 5.

Ora, comparando-os com a sucessão de Fibonacci,

$$1, 1, 2, 3, 5, 8, \ldots$$

percebemos que os valores da primeira fileira são exatamente o 1º, o 3º e o 5º (em negrito), e os da segunda fileira são o 2º e 4º. Segue a inferência de que é plausível ser $CB_3 = 8$ (o 6º).

Vejamos a credibilidade dessa inferência.

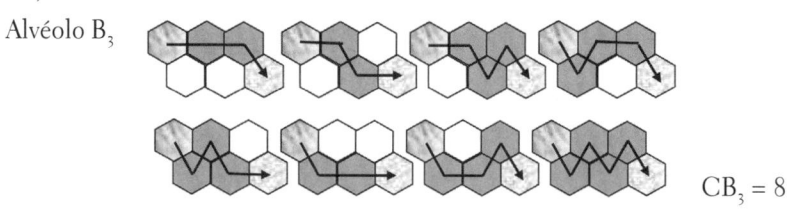

Alvéolo B_3

$CB_3 = 8$

Desde que é **credível** nossa inferência, então podemos acertar alguns detalhes observando que, em ambas as fileiras, temos **números de Fibonacci alternados**, mais precisamente na primeira temos os números de ordem ímpar e na segunda, os de ordem par.

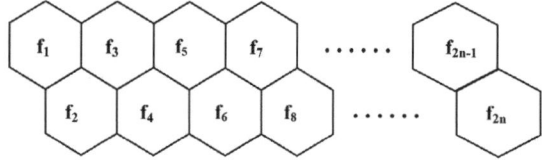

E a prova? Divide-se em dois casos:

Hipótese de indução:

Sejam válidas para um certo k que $CA_k = f_{2k-1}$ e $CB_k = f_{2k}$.

Temos a seguir as possíveis chegadas de caminhos aos alvéolos:

A_{K+1} B_{K+1}

No primeiro, o número de caminhos possíveis é dado por $CA_{k+1} = CA_k + CB_k$.

Usando a primeira parte da hipótese de indução, temos $CA_{k+1} = f_{2k-1} + f_{2k}$, que pela recorrente de Fibonacci fornece $CA_{k+1} = f_{2k+1}$, ficando provado para a primeira fila.

No segundo, temos $CB_{k+1} = CA_{k+1} + CB_k$. Portanto, empregando o resultado anterior e a segunda parte da hipótese de indução, encontramos $CB_{k+1} = f_{2k+1} + f_{2k}$ e de novo pela recorrente de Fibonacci obtemos $CB_{k+1} = f_{2k+2}$, ficando também provado para a segunda fila.

D - MATEMÁTICA SUBJACENTE À SUCESSÃO DE FIBONACCI

Vamos explorar um pouco a sucessão de Fibonacci

$$(1, 1, 2, 3, 5, 8, 13, 21, 34, 55, 89, 144, ...)$$

nas suas relações ou propriedades. Procuraremos descobri-las; só após as tentativas forneceremos suas provas.

PROBLEMA 1: Soma (Lucas): $f_1 + f_2 + f_3 + f_4 + f_5 + f_6 + f_7 + ... + f_n$

Descobrindo: $f_1 + f_2 + f_3 = 1 + 1 + 2 = 4$

$f_1 + f_2 + f_3 + f_4 = 1 + 1 + 2 + 3 = 7$

$f_1 + f_2 + f_3 + f_4 + f_5 = 1 + 1 + 2 + 3 + 5 = 12$

Ora, essas três somas são respectivamente $f_5 - 1, f_6 - 1$ e $f_7 - 1$.

Vejamos se a regra é a mesma nos casos particulares iniciais:

a) dois termos: $f_1 + f_2 = 1 + 1 = 2$. De fato, $2 = 3 - 1 = f_4 - 1$.

b) um só termo: $f_1 = 1$. Confere, pois, $1 = 2 - 1 = f_3 - 1$.

Observando os índices (ordem) dos termos infere-se que, deve ser, em geral

$$f_1 + f_2 + f_3 + f_4 + f_5 + ... + f_n = f_{n+2} - 1$$

Prova (por indução completa)

Seja por hipótese de indução que a fórmula é válida para um certo k:

$$f_1 + f_2 + f_3 + f_4 + f_5 + ... + f_k = f_{k+2} - 1$$

Dessa consideração, segue que:

$$f_1 + f_2 + f_3 + f_4 + f_5 + ...+ f_k + f_{k+1} = f_{k+2} - 1 + f_{k+1} = (f_{k+2} + f_{k+1}) - 1$$

e com a recorrente da definição temos $f_{k+3} - 1$, ou que a forma da soma para k+1 é a mesma.

Ilustração: $f_1 + f_2 + f_3 + f_4 + ... + f_{10} = f_{12} - 1 = 144 - 1 = 143$.

NOTA: Outra prova pode ser feita somando "telescopicamente" $f_i = f_{i+2} - f_{i+1}$

PROBLEMA 2: Soma dos quadrados: $(f_1)^2 + (f_2)^2 + ... + (f_n)^2$

$1^2 = 1$

$1^2 + 1^2 = 1 + 1 = 2$

$1^2 + 1^2 + 2^2 = 1 + 1 + 4 = 6$

$1^2 + 1^2 + 2^2 + 3^2 = 1 + 1 + 4 + 9 = 15$

$1^2 + 1^2 + 2^2 + 3^2 + 5^2 = 1 + 1 + 4 + 9 + 25 = 40$.

Mas agora vamos descobrir geometricamente (em termos de áreas) o que são essas somas, já que temos sempre a anexação por justaposição de um quadrado:

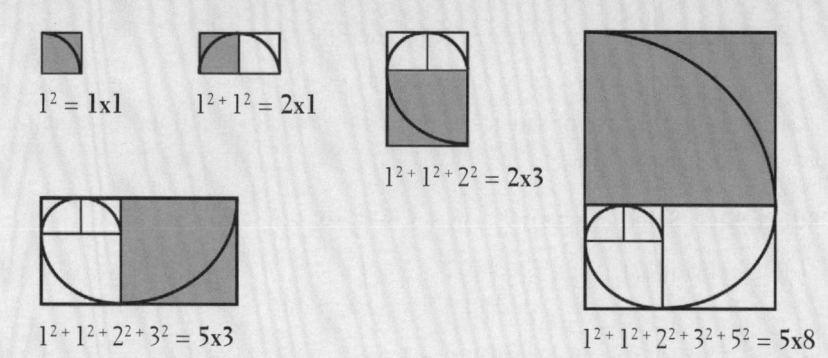

$1^2 = 1 \times 1$ $1^2 + 1^2 = 2 \times 1$

$1^2 + 1^2 + 2^2 = 2 \times 3$

$1^2 + 1^2 + 2^2 + 3^2 = 5 \times 3$ $1^2 + 1^2 + 2^2 + 3^2 + 5^2 = 5 \times 8$

Analisando os resultados parciais, podemos inferir a relação

$$(f_1)^2 + (f_2)^2 + \ldots + (f_n)^2 = f_{n+1} \cdot f_n$$

que é bem credível, já que, em cada anexação de quadrado na forma espiralada (anti-horária em nossa figura), o retângulo obtido tem como lado o lado maior do retângulo anterior e o outro lado acrescido da medida dada pelo número de Fibonacci seguinte.

Prova por indução completa

Seja verdadeira para algum k a igualdade $(f_1)^2 + (f_2)^2 + \ldots + (f_k)^2 = f_{k+1} \cdot f_k$
de onde $(f_1)^2 + (f_2)^2 + \ldots + (f_k)^2 + (f_{k+1})^2 = f_{k+1} \cdot f_k + (f_{k+1})^2 = f_{k+1}(f_k + f_{k+1})$,
e usando a recorrente da definição, temos $f_{k+1} \cdot f_{k+1} = (f_{k+1})^2$
que é da mesma forma.

Ilustração: $1^2 + 1^2 + 2^2 + 3^2 + 5^2 + 8^2 + 13^2 + 21^2 = 21 \cdot 34 = 714$.

NOTA: Uma prova pode ser obtida "telescopicamente" sobre

$(f_i)^2 = f_i f_{i+1} - f_i f_{i-1}$

PROBLEMA 3: Propriedade dos quatro consecutivos

1 1 2 3 → a) diferença dos quadrados dos intermediários
$2^2 - 1^2 = 4 - 1 = 3$
b) produto dos extremos = $1 \times 3 = 3$
1 2 3 5 → a) $3^2 - 2^2 = 9 - 4 = 5$, b) $1 \times 5 = 5$
2 3 5 8 → a) $5^2 - 3^2 = 25 - 9 = 16$ b) $2 \times 8 = 16$
3 5 8 13 → a) $8^2 - 5^2 = 64 - 25 = 39$ b) $3 \times 13 = 39$

Podemos também recorrer a áreas de figuras geométricas para a descoberta nas transformações em retângulos:

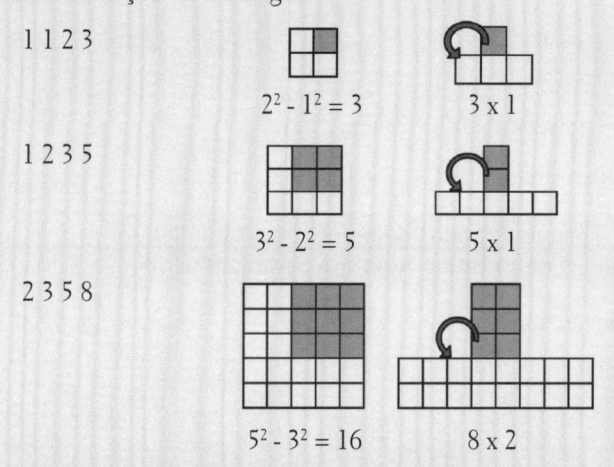

1 1 2 3

$2^2 - 1^2 = 3$ 3×1

1 2 3 5

$3^2 - 2^2 = 5$ 5×1

2 3 5 8

$5^2 - 3^2 = 16$ 8×2

Inferência plausível: Dada uma sequência $f_{i-1}, f_i, f_{i+1}, f_{i+2}$ de quatro termos consecutivos da sucessão de Fibonacci, então

$$(f_{i+1})^2 - (f_i)^2 = f_{i+2} \cdot f_{i-1}$$

A diferença dos quadrados dos intermediários é igual ao produto dos extremos.

Prova (direta):

Fatorando a diferença de quadrados do primeiro membro, temos $(f_{i+1})^2 - (f_i)^2 = (f_{i+1} + f_i)(f_{i+1} - f_i)$, e usando em cada fator convenientemente a recorrente obtemos $f_{i+2} \cdot f_{i-2}$.

PROBLEMA 4: Propriedade do dobro de um termo

Duplicando o termo $f_6 = 8$, obtemos 16, que é igual à soma do $f_7 = 13$ com $f_4 = 3$. Será que a igualdade aparece para outro termo?

Seja o dobro do quinto termo: $2 \times 5 = 10$ e de fato é igual à soma do $f_6 = 8$ com o $f_3 = 2$.

O mesmo acontece para $2 \cdot f_7 = 2 \cdot 13 = 26$ que é igual à soma do $f_8 = 21$ com o $f_5 = 5$. Segue a plausibilidade de inferirmos que

$$2 \cdot f_n = f_{n+1} + f_{n-2}$$

Prova (direta)

$2 \cdot f_n - f_{n+1} = 2f_n - (f_n + f_{n-1})$

$= f_n - f_{n-1}$, e outra vez com a recorrente temos

$= f_{n-2}$ que implica a relação anterior.

PROBLEMA 5: Soma dos números de ordem ímpar

Descobrindo

$f_1 + f_3 = 1 + 2 = 3 = f_4$

$f_1 + f_3 + f_5 = 1 + 2 + 5 = 8 = f_6$

$f_1 + f_3 + f_5 + f_7 = 1 + 2 + 5 + 13 = 21 = f_8$

Inferência plausível: $f_1 + f_3 + f_5 + \ldots + f_{2n-1} = f_{2n}$ ($n \geq 1$)

> **A soma dos termos de ordem ímpar é igual ao primeiro termo seguinte de ordem par.**

Prova por indução completa

Seja verdadeira para algum k

$f_1 + f_3 + f_5 + \ldots + f_{2k-1} = f_{2k}$

$=> f_1 + f_3 + f_5 + \ldots + f_{2k-1} + f_{2k+1} = f_{2k} + f_{2k+1}$

$=> f_1 + f_3 + f_5 + \ldots + f_{2k-1} + f_{2k+1} = f_{2k+2}$ (pela recorrente)

que é da mesma forma.

Ilustração: $f_1 + f_3 + f_5 + f_7 + f_9 = f_{10} = 55$

PROBLEMA 6: Soma dos números de ordem par

Descobrindo

$f_2 + f_4 = 1 + 3 = 4 = f_5 - 1$

$f_2 + f_4 + f_6 = 1 + 3 + 8 = 12 = f_7 - 1$

$f_2 + f_4 + f_6 + f_8 = 1 + 3 + 8 + 21 = 33 = f_9 - 1$

Inferência plausível:

$f_2 + f_4 + f_6 + \ldots + f_{2n} = f_{2n+1} - 1$

Prova: (deixamos a cargo do leitor)

PROBLEMA 7: Soma dos quadrados de dois consecutivos (Lucas – Catalan)

Descobrindo: $(f_1)^2 + (f_2)^2 = 1 + 1 = 2 = f_3$

$(f_2)^2 + (f_3)^2 = 1 + 4 = 5 = f_5$

$(f_3)^2 + (f_4)^2 = 4 + 9 = 13 = f_7$

Inferência plausível:

$$(f_{n+1})^2 + (f_{n+2})^2 = f_{2n+3}$$

Prova: O leitor interessado a encontrará em BARBOSA (1993).

PROBLEMA 8: Tendência da razão de dois números consecutivos de Fibonacci

Primeira argumentação (algébrica)

No cap. 1 vimos que τ, da secção áurea, é dado por

$$\tau = 1 + 1/\tau$$

de onde a fração contínua infinita

$$\tau = 1 + \cfrac{1}{1 + \cfrac{1}{1 + \ldots}}$$

Suas reduzidas $\tau_1 = 1$, $\tau_2 = 1 + 1/1$, $\tau_3 = 1 + 1/(1 + 1/1)$ são sucessivamente $\tau_1 = 1/1$, $\tau_2 = 2/1$, $\tau_3 = 3/2$; portanto, inferimos que são formadas pela razão de números consecutivos[16] de Fibonacci. Essa inferência é verdadeira, já que a sua formação segue a igualdade $\tau_{k+1} = 1 + 1/\tau_k$, que se identifica com

$$f_{k+1}/f_k = 1 + 1/(f_k/f_{k-1})$$

pois

$f_{k+1}/f_k = (f_k + f_{k-1})/f_k$ (pela recorrente)
$\Rightarrow f_{k+1}/f_k = 1 + f_{k-1}/f_k$
$\Rightarrow f_{k+1}/f_k = 1 + 1/(f_k/f_{k-1})$

Portanto, como τ_k tende a $\tau = 1{,}618..$, temos para $n \to \infty$ o limite de f_{n+1}/f_n igual a $\tau = 1{,}618...$

Segunda argumentação (geométrica)[17]

Construímos sucessivamente conjuntos de dois triângulos isósceles, um acutângulo e o outro obtusângulo com um lado em comum, ambos usando como medidas dos lados números de Fibonacci consecutivos.

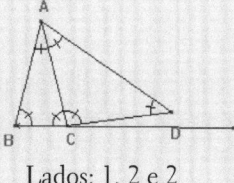

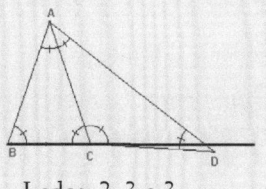

Lados: 1, 2 e 2   Lados: 2, 3 e 3
2, 2 e 3   3, 3 e 5

Sejam, para facilitar, as indicações:
<ABC = <ACB = α e <BAC = x,
<ACD = β e <CAD = <ADC = δ

---

[16] Robert Simson (1687-1768) descobriu que a razão f_{n+1}/f_n é igual à enésima reduzida de τ.
[17] Conforme nossas anotações, obtida em julho de 1998.

Continuando a construção de triângulos com os seguintes conjuntos de lados:

3, 5 e 5   /   5, 5 e 8

5, 8 e 8   /   8, 13 e 13, etc.,

verifica-se até visualmente, que $\alpha + \beta$ é alternadamente menor e maior que 180°, conforme se observa nas duas figuras anteriores.

Porém, nota-se que $\alpha + \beta \to 180°$, já que B, C e D tendem a se alinhar. Decorre que α (<ACB) tende a externo do $\triangle$ ACD; portanto $\alpha \to 2\delta$, e em consequência como $\alpha \to x + \delta$ no $\triangle$ ABD (que tende a isósceles) segue que $x \to \delta$.

Em resumo, teremos no $\triangle$ ABD (isósceles) que $3\delta + \alpha = 180°$ ou $5\delta = 180°$ ou $\delta = 36°$, de onde $\alpha = 72°$ e $\beta = 108°$.

Segue ainda que os dois triângulos ABC e ACD tendem a *triângulos companheiros* (Ver cap. 1) e finalmente que a razão

f_{n+1} / f_n tende a $\tau = 1{,}618...$

Terceira argumentação[18] (pela fórmula de Binet)

Consideremos a fórmula de Binet[19] (de uso não prático e sem prova simples),[20] para qualquer número de Fibonacci

$$f_n = \frac{1}{\sqrt{5}} \left[\left(\frac{1 + \sqrt{5}}{2} \right)^n - \left(\frac{1 - \sqrt{5}}{2} \right)^n \right]$$

Quando *n é grande*, o segundo termo é negligenciável, então o número de Fibonacci pode ser obtido aproximadamente por

$$f_n = \frac{1}{\sqrt{5}} \left(\frac{1 + \sqrt{5}}{2} \right)^n, \text{portanto} \quad f_{n+1} = \frac{1}{\sqrt{5}} \left(\frac{1 + \sqrt{5}}{2} \right)^{n+1}$$

de onde o limite para $n \to \infty$ de $f_{n+1} / f_n = (1 + \sqrt{5}) / 2 = \tau = 1{,}618...$

Uma prova: Daremos apenas um esboço de prova da fórmula de Binet, empregando função geradora;[21] talvez a linha usada por Moivre.

---

[18] Arquitetada em setembro de 1998.

[19] Jacques Phillipe Marie Binet (1786-1856) foi indicado por Coxeter como seu autor em 1843, mas talvez ela tenha sido obtida antes por Abraham de Moivre (1667-1754) e Daniel Bernoulli (1700- 1782).

[20] Daremos resumo de uma prova ao final deste padrão.

[21] Sobre funções geradoras consultar por exemplo, BARBOSA, 1974/1975 ou SANTOS; MELLO; MURAT, 1995.

Considerar a função $G(x) = f_1 x + f_2 x^2 + f_3 x^3 + f_4 x^4 \ldots$
de onde se obtém com a recorrente a geradora:
$$G(x) = x / (1 - x - x^2)$$
Decompor $G(x)$ em $A/(1-\alpha x) + B/(1-\beta x)$, obtendo $A = 1/\sqrt{5}$ e
$B = -1/\sqrt{5}$. Lembrar que $1/(1-\alpha x) = 1 + \alpha x + \alpha^2 x^2 + \alpha^3 x^3 + \ldots$
e $1/(1-\beta x) = 1 + \beta x + \beta^2 x^2 + \ldots$, então substituindo tem-se
$G(x)$ geradora de $(\alpha^n - \beta^n)/\sqrt{5}$, que fornece a fórmula para f_n.

NOTA: Com a mesma linha de argumentação, temos obtido a fórmula, análoga à de Binet, para números da sucessão de Lucas
$$L_n = [(1+\sqrt{5})/2]^n + [(1-\sqrt{5})/2]^n$$
de geradora $G(x) = (2-x)/(1-x-x^2)$ fornecida pela recorrente correspondente; porém, estamos convictos de que não seja inédita, a despeito de não a encontrarmos em obras e trabalhos consultados.

PROBLEMA 9: Relações entre potências de τ e números de Fibonacci

Sabemos que $\tau^2 = \tau + 1$, portanto multiplicando sucessivamente por τ obtemos

$\tau^3 = \tau^2 + \tau = \tau + 1 + \tau = 2\tau + 1 = f_3 \tau + f_2$
$\tau^4 = 2\tau^2 + \tau = 2(\tau+1) + \tau = 3\tau + 2 = f_4 \tau + f_3$
$\tau^5 = 3\tau^2 + 2\tau = 3(\tau+1) + 2\tau = 5\tau + 3 = f_5 \tau + f_4$

de onde a inferência
$$\tau^n = f_n \tau + f_{n-1}$$
cuja prova pode ser realizada por indução completa.

PROBLEMA 10: Termo geral da sucessão de Fibonacci generalizada

Seja a sucessão de Fibonacci (generalizada) dada por

Termos iniciais: $FG_1 = a$, $FG_2 = b$

Recorrente: $FG_{n+1} = FG_{n-1} + FG_n$ ($n \geq 2$)

Descobrindo:

$FG_3 = FG_1 + FG_2 = a + b$

$FG_4 = FG_2 + FG_3 = b + a + b = a + 2b = f_2 a + f_3 b$

$FG_5 = FG_3 + FG_4 = a + b + a + 2b = 2a + 3b = f_3 a + f_4 b$

$FG_6 = FG_4 + FG_5 = a + 2b + 2a + 3b = 3a + 5b = f_4 a + f_5 b$

Inferência plausível:

$FG_n = a \cdot f_{n-2} + b \cdot f_{n-1}$ ou $FG_n = FG_1 \cdot f_{n-2} + FG_2 \cdot f_{n-1}$

Prova (indução completa)

Seja válida por hipótese de indução para todo h menor ou igual a um certo k

$$FG_h = a \cdot f_{h-2} + b \cdot f_{h-1} \quad (h \le k)$$

Vejamos se para h + 1 tem a mesma forma

$FG_{h+1} = FG_h + FG_{h-1}$ (pela recorrente da generalizada)
$= (a \cdot f_{h-2} + b \cdot f_{h-1}) + (a \cdot f_{h-3} + b \cdot f_{h-2})$ (pela H.I.)
$= a (f_{h-2} + f_{h-3}) + b (f_{h-1} + f_{h-2})$
$= a f_{h-1} + b f_h$ (pelas recorrentes da simples)

que é da mesma forma.

Ilustração: Seja $FG_1 = 2$ e $FG_2 = 1$, então $FG_7 = 2 \cdot f_5 + 1 \cdot f_6 = 2 \cdot 5 + 1 \cdot 8 = 18$.

PROBLEMA 11: A mesma tendência da razão de termos consecutivos da sucessão de Fibonacci generalizada[22]

Por P.10 temos

$$\frac{FG_{n+1}}{FG_n} = \frac{af_{n-1} + bf_n}{af_{n-2} + bf_{n-1}} = \frac{1 + \dfrac{bf_n}{af_{n-1}}}{\dfrac{f_{n-2}}{f_{n-1}} + \dfrac{b}{a}}$$

Fazendo $n \to \infty$ e usando P.8 obtemos

$$\lim \frac{FG_{n+1}}{FG_n} = \frac{1 + \dfrac{b}{a}\tau}{\dfrac{1}{\tau} + \dfrac{b}{a}} = \frac{\dfrac{1}{a}}{\dfrac{1}{a\tau}} = \tau$$

Portanto, se existe a mesma recorrente da sucessão de Fibonacci a razão de dois termos consecutivos tende ao valor $\tau = 1,618...$, independentemente dos dois termos iniciais.

SITUAÇÃO-PROBLEMA 12: Relação com o triângulo de Pascal

Situação: É conhecido o triângulo de Pascal dos coeficientes das expansões de $(x + y)^n$

n					
0	1				
1	1	1			
2	1	2	1		
3	1	3	3	1	
4	1	4	6	4	1
-	1	-	-	-	-

---

[22] Sobre funções geradoras consultar por exemplo, BARBOSA, 1974/1975.

Problema: Descobrir as somas dos números do triângulo em diagonais ascendentes.

Descobrindo: Seja S_i a soma da i-ésima diagonal

$S_3 = 1+1 = \mathbf{2}, S_4 = 1+2 = \mathbf{3}, S_5 = 1+3+1 = \mathbf{5}$; "Oba, são números de Fibonacci!!!" Inferimos $S_6 = 8$; de fato $S_6 = 1 + 4 + 3 + 1 = 8$.

As duas primeiras, em particular, podem ser consideradas somas com $S_1 = 1$ e $S_2 = 1$; portanto é credível ser $\mathbf{S_n = f_n}$.

COMENTÁRIO FINAL

O grande interesse despertado por estudos relacionados à sucessão de Fibonacci e suas aplicações conduziu à fundação da Fibonacci Association, em 1960, na Califórnia, Estados Unidos, a qual tem publicado desde 1962 o jornal *Fibonacci Quartely* (quatro vezes por ano). A Universidade de Patras, na Grécia, realizou em 1984 a primeira conferência internacional com a participação de matemáticos de mais de uma dezena de países interessados em trocar ideias e pesquisas sobre a sucessão de Fibonacci.

Foi construída uma estátua em homenagem a Fibonacci em Pisa, sua terra natal, onde há também uma avenida com seu nome.

ATIVIDADES DE DESCOBERTA

a) Descobrir por inferência plausível, em termos de número de Fibonacci, qual é a diferença de quadrados de dois números de Fibonacci alternados.

b) Descobrir as somas alternadas de Fibonacci.
Sugestão: Usar P5 e P6.

c) Dados três números consecutivos de Fibonacci, pede-se descobrir qual é o número de Fibonacci igual à diferença entre a soma dos cubos dos maiores e o cubo do menor.

d) Descobrir por inferência plausível a fórmula de Simson $f_{n-1} f_{n+1} - (f_n)^2 = ?$, também atribuída a Cassini (Jean Dominique Cassini, 1625-1717).

e) Descobrir por inferência plausível a soma $2(f_3 + f_6 + f_9 + \ldots + f_{3n})$

f) Descobrir, por inferência plausível sobre k, os números de Fibonacci x e y tais que $f_{n+k} = x f_n + y f_{n-1}$

Soluções: a) $(f_{n+2})^2 - (f_n)^2 = f_{2n+2}$
b) $1 - f_{2n-1}$ e $1 + f_{2n-2}$
c) $(f_{n+2})^3 + (f_{n+1})^3 - (f_{n+3})^3 = f_{3n+3}$
d) $f_{n-1} f_{n+1} - (f_n)^2 = (-1)^n$,
e) $f_{3n+2} - 1$
f) $x = f_{k+2}$ e $y = f_k$

CAPÍTULO 4
APLICAÇÕES COMPLEMENTARES DA SECÇÃO ÁUREA E FIBONACCIANOS

A - TRIÂNGULOS 5-CONGRUENTES, MAS NÃO CONGRUENTES

INTRODUÇÃO

Em 1975 foi publicada a tradução brasileira do livro de Moise e Downs, sob o título *Geometria Moderna*. Na p. 343 dessa edição se lê:

> "Explique como podem dois triângulos ter cinco elementos (lados e ângulos) de um congruentes a cinco elementos de outro, e assim mesmo não serem congruentes".[23]

Essa frase despertou a atenção de seus leitores em razão dos famosos casos de congruência (igualdade) de triângulos. Considerando os casos de congruência, todos dependendo da congruência de apenas três de seus elementos, desavisadamente muitos alunos e professores afirmaram, num primeiro impulso, que a explicação era impossível, pois os triângulos seriam congruentes.

Entretanto, lembrando o caso LLL (lado-lado-lado) é óbvio que os dois triângulos não podem ter os três lados respectivamente congruentes, pois em contrário seriam congruentes, e sim três ângulos respectivamente congruentes, mas então sobra a possibilidade de ter apenas dois lados respectivamente congruentes, totalizando cinco elementos congruentes.

Em consequência da congruência de seus ângulos, segue que os dois triângulos são semelhantes.

---

[23] O mesmo problema também apareceu, anteriormente, no School Mathematics Study Group (SMSG), Geometry Student's Text / Teacher's Comentary, Yale University Press, 1960.

E daí? Como são seus lados?

Sendo semelhantes sabemos apenas que seus lados são proporcionais, mas são arbitrariamente proporcionais?

A seguir procuraremos resumir o estudo da obtenção de um formulário para os lados, quando incrível e maravilhosamente teremos uma interessante aplicação dos números de Fibonacci.

UMA PROGRESSÃO GEOMÉTRICA E A RAZÃO DE SEMELHANÇA

Indicando as ternas das medidas dos lados dos triângulos por (a, b, c) e (x, y, z), e supondo x = b e y = c podemos ter a razão k de semelhança dada por

$$k = x / a = y / b = z / c$$

que se nos afigura preferível pela correspondência nas ternas.

Substituindo os valores de x e y teremos o conjunto de igualdades:

$$\begin{vmatrix} x = b = k \cdot a \\ y = c = k \cdot b = k^2 \cdot a \\ z = k \cdot c = k^3 \cdot a \end{vmatrix}$$

de onde as ternas (a, k . a, k^2. a) e (k . a, k^2. a, k^3. a) com k ≠ 1, k > 0 com uma progressão geométrica (quatro termos) dos lados.

USANDO A CONDIÇÃO DE EXISTÊNCIA DE TRIÂNGULOS

Caso k > 1

O lado maior do primeiro triângulo é k^2.a, portanto teremos a desigualdade

$$k^2 \cdot a < a + k \cdot a \text{ ou } k^2 - k - 1 < 0;$$

Caso 1 > k > 0

Agora o lado maior é *a*, portanto temos

$$a < k \cdot a + k^2 \cdot a \text{ ou } k^2 + k - 1 > 0.$$

Resolvendo as inequações descobrimos o intervalo para k:

$$(\sqrt{5} - 1) / 2 < k < (1 + \sqrt{5}) / 2, \text{ com } k \neq 1 \Rightarrow \tau - 1 < k < \tau, \text{ com } k \neq 1$$

que relaciona a razão k de semelhança com a razão áurea τ.

DESCOBRINDO UM FORMULÁRIO COM NÚMEROS DE FIBONACCI

Temos visto no cap. 3 que a reduzida τ_n de τ é dada por

$$\tau_n = f_{n+1} / f_n < \tau \text{ (n ímpar)}$$

portanto são utilizáveis para k os valores f_{n+1} / f_n se n é ímpar.

Ilustração:

Com n = 3 (ímpar), então k = f_4 / f_3 = 3 / 2; as ternas são
(a, 3a / 2, 9a / 4) e (3a / 2, 9a / 4, 27a / 8)

Para obtermos números inteiros tomamos por exemplo a = 8, de onde as ternas serão 8, 12, 18 e 12, 18, 27 conforme os dois triângulos representados superpostos para visualização melhor dos ângulos.

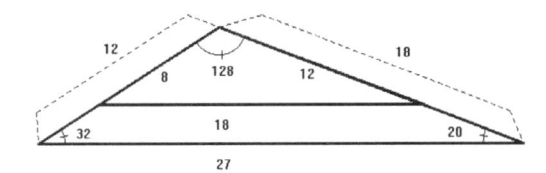

Obs.: Esses dois triângulos são obtusângulos com o ângulo obtuso aproximadamente de 128°.

Da ilustração é fácil realizar uma transposição para um formulário com números de Fibonacci:

Com n ímpar (n ≥ 3)

$a = (f_n)^3$
$x = b = f_{n+1} (f_n)^2$
$y = c = (f_{n+1})^2 f_n$
$z = (f_{n+1})^3$

UM FORMULÁRIO COM NÚMEROS DE LUCAS

Pode-se estabelecer um formulário similar usando números de Lucas

n ímpar (n ≥ 3)

$a = (L_n)^3$
$x = b = L_{n+1} (L_n)^2$
$y = c = (L_{n+1})^2 L_n$
$z = (L_{n+1})^3$

Ilustração: Seja n = 3

$a = 3^3 = 27$, $x = b = 4 \cdot 3^2 = 36$, $y = c = 4^2 \cdot 3 = 48$ e $z = 4^3 = 64$

Ternas: 27, 36, 48 e 36, 48, 64.

UM FORMULÁRIO COM A SUCESSÃO DE FIBONACCI GENERALIZADA

Analogamente o mesmo formulário pode ser empregado para uma sucessão de Fibonacci generalizada.

Ilustração:

Seja a sucessão definida por

$FG_1 = 3$ e $FG_2 = 1$, e a mesma recorrente de Fibonacci, portanto a sucessão é:

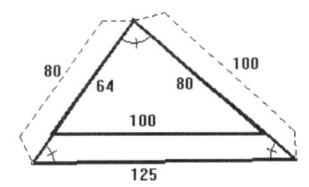

3, 1, 4, 5, 9, 14, 23, ...

Usando o mesmo formulário, por exemplo, para n = 3 teremos

a = 4^3 = 64,
x = b = 5 . 4^2 = 80,
y = c = 5^2 . 4 = 100
e z = 5^3 = 125. => Ternas 64, 80, 100 e 80, 100, 125

Obs: Esses triângulos possuem os ângulos agudos, o maior mede aproximadamente 87° (quase reto), portanto são acutângulos.

INDICAÇÕES BIBLIOGRÁFICAS

O interessado em maior desenvolvimento o encontrará em nossos trabalhos:

BARBOSA, R. M. Números de Fibonacci e triângulos não congruentes com cinco pares de elementos respectivamente congruentes. *Boletim Dep. Mat.* / FURB, Blumenau, 27, 1992, p. 1-10.

BARBOSA, R. M.; MURARI, C. Um ensaio metodológico sobre a congruência e não-congruência de triângulos, Parte II. *BOLEMA* 9, 1993, p. 47-63.

BRIGGS, J. T . F. Almost congruent triangles with integral sides. *Math. Teacher*, 70-3, 1977, p. 263-257.

ENGE, R. Noncongruent similar triangles. *Math.Teacher*, 74-9, 1981, p. 725-728.

HOLT, N. H. Mystery Puzzle and Phi. *The Fibonacci Quartely*, April, 1965, p. 135-138.

MURARI,C.; BARBOSA, R. M. Divagações sobre um problema curioso. *R.P.M./SBM*, 16, 1990, p. 13-19.

MURARI, C.; BARBOSA, R. M. Um ensaio metodológico sobre a congruência e não-congruência de triângulos, Parte.I, *BOLEMA* 8, 1992, p. 68-82.

PAGNI, D. L.; GANNON, G.E. The Golden mean and an intriguing congruence problem. *Math. Teacher*, 74 - 9, 1981, p. 725-728.

PAWLEY, R. G. 5-Con Triangles. *The Math. Teacher*, 55-5, 1967, p. 438-443.

B – TERNAS PITAGÓRICAS

INTRODUÇÃO

Ternas numéricas (c, b, a) são denominadas pitagóricas se satisfazem a relação do famoso teorema de Pitágoras $a^2 = b^2 + c^2$. Elas são bastante úteis ao professor na organização de probleminhas versando sobre relações métricas nos triângulos retângulos.

Duas bastante conhecidas e usuais são 3, 4, 5 e 5, 12, 13.

Outras como 6, 8, 10 e 15, 36, 39 são obtidas dessas multiplicando seus elementos por um número natural qualquer diferente de 1; no caso, respectivamente por 2 e 3. As duas primeiras são chamadas **primitivas**, e as outras são simplesmente **não primitivas**.

Existem vários procedimentos de cálculo para a obtenção das primitivas, mas, confirmando a ubiquidade já mencionada, os números de Fibonacci marcam mais uma vez sua presença, novamente na obtenção de ternas pitagóricas. O leitor encontrará em nosso livro um tratamento mais completo; aqui, daremos apenas um resumo.

UM FORMULÁRIO PARA OS CATETOS

Descobrindo: Consideremos agrupamentos de quatro números consecutivos de Fibonacci e calculemos, em cada um, o produto dos extremos e o produto dos intermediários.

1) Primeiro grupo: 1, 1, 2 e 3

Produto dos extremos = 1 . 3 = 3
Produto dos intermediários = 1. 2 = 2 => o dobro = 4

2) Segundo grupo: 1, 2, 3 e 5

Produto dos extremos = 1 . 5 = 5
Produto dos intermediários = 2. 3 = 6 => o dobro = 12

3) Terceiro grupo: 2, 3, 5 e 8

Produto dos extremos = 2. 8 = 16
Produto dos intermediários = 3. 5 = 15 => o dobro = 30

Verificamos que os dois números obtidos em cada grupo são justamente os valores de *catetos* nos dois primeiros grupos das ternas primitivas (3, 4, 5) e (5, 12, 13), enquanto no terceiro grupo são também de catetos, mas de uma terna não primitiva (16, 30, 34) oriunda de uma primitiva (8, 15, 17).

Será que o mesmo acontecerá para outros grupos de quatro consecutivos?

Vejamos num grupo qualquer de quatro consecutivos da sucessão de Fibonacci, com x e y, os dois primeiros. Ora, pela recorrente de Fibonacci, o terceiro será $x + y$, e o quarto, $x + 2y$.

Façamos os mesmos cálculos.

Produto dos extremos = $x. (x + 2y)$.
Dobro do produto dos intermediários = $2. y. (x + y)$.

Verifiquemos se a soma de seus quadrados é um quadrado:

$[x (x + 2y)]^2 + [2 y (x + y)]^2 =$
$x^2 (x^2 + 4 x y + 4 y^2) + 4 y^2 (x^2 + 2 x y + y^2) =$
$x^4 + 4 x^3 y + 4 x^2 y^2 + 4 y^2 x^2 + 8 x y^3 + 4 y^4 =$
$(x^4 + 4 y x^3 + 6 x^2 y^2 + 4 x y^3 + y^4) + (2 x^2 y^2 + 4 x y^3 + 3 y^4) =$
$(x + y)^4 + 2 y^2 (x^2 + 2 x y + y^2) + y^4 =$
$(x + y)^4 + 2 y^2 (x + y)^2 + y^4 =$
$[(x + y)^2 + y^2]^2$

Conclusão:

> Em qualquer grupo de quatro consecutivos da sucessão de Fibonacci a soma do quadrado do produto dos extremos com o quadrado do dobro do produto dos intermediários é um quadrado.

Segue que:

> O produto dos extremos e o dobro do produto dos intermediários são números inteiros adequados para catetos, e a medida da hipotenusa será também um inteiro.

UM FORMULÁRIO COMPLETO

Dado um grupo de quatro consecutivos f_n, f_{n+1}, f_{n+2}, f_{n+3} temos:

Primeiro cateto = $f_n f_{n+3}$
Segundo cateto = $2 \cdot f_{n+1} \cdot f_{n+2}$
Hipotenusa = soma dos quadrados dos intermediários.
$\quad = (f_{n+1})^2 + (f_{n+2})^2$

Ilustração 1: Seja n = 4, então teremos:

Primeiro cateto = $f_4 f_7 = 3 \cdot 13 = \mathbf{39}$
Segundo cateto = $2 \cdot f_5 f_6 = 2 \cdot 5 \cdot 8 = \mathbf{80}$
Hipotenusa = $(f_5)^2 + (f_6)^2 = 25 + 64 = \mathbf{89}$
Terna pitagórica = (39, 80, 89) (primitiva)

Ilustração 2: Seja n = 6, então teremos

Primeiro cateto = $f_6 f_9 = 8 \cdot 34 = \mathbf{272}$
Segundo cateto = $2 \cdot f_7 f_8 = 2 \cdot 13 \cdot 21 = \mathbf{546}$
Hipotenusa = $(f_5)^2 + (f_6)^2 = 13^2 + 21^2 = 169 + 441 = \mathbf{610}$
Terna pitagórica = (272, 546, 610) (não primitiva)

Êta! Mas 89 e 610 são números de Fibonacci.

UMA ALTERNATIVA PARA A HIPOTENUSA

De fato, $f_{11} = 89$ e $f_{15} = 610$.

E agora?

É fácil, 11 = 5 + 6, que são as ordens dos intermediários, bem como 15 = 7 + 8 também dos intermediários; e em consequência chegamos portanto a uma nova fórmula para a hipotenusa.

$$\text{Hipotenusa} = f_{(n+1)+(n+2)} = f_{2n+3}$$

Aliás, no cap. III temos visto a propriedade de Lucas / Catalan

$$(f_{n+1})^2 + (f_{n+2})^2 = f_{2n+3}$$

que fornece as duas opções para a hipotenusa.

C – DECOMPOSIÇÃO DE QUADRADOS DE FIBONACCI

INTRODUÇÃO

Conceito:

Um quadrado é **quadrado de Fibonacci** se e só se seu lado é dado por um número de Fibonacci f_n.

A ordem do quadrado de Fibonacci é o próprio f_n.

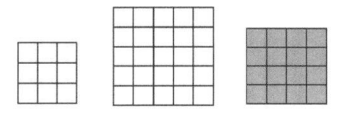

As duas primeiras figuras são quadrados de Fibonacci de ordem 3 e 5, respectivamente com 9 e 25 quadrículas; entretanto o terceiro não é quadrado de Fibonacci, pois 4 não é número de Fibonacci.

O PROBLEMA DE DECOMPOSIÇÃO

Enunciado Geral:

> Dado um quadrado de Fibonacci, decompô-lo em quadrados de Fibonacci, mas sucessivamente de maneira que cada novo quadrado componente seja o maior possível.

Quadrado de Fibonacci de ordem $f_4 = 3$

O primeiro componente deve ser de ordem $f_3 = 2$ (o maior possível), então, necessariamente, os próximos são cinco de lado 1.

Obs: É claro que, temos mais três soluções mudando de canto para o quadrado de lado 2.

Quadrado de Fibonacci de ordem $f_5 = 5$

O primeiro componente da decomposição precisa ser de ordem $3 = f_4$. Podemos colocá-lo no centro, porém os próximos serão todos de lado 1; então vamos preferir posicioná-lo em um canto, para que o próximo seja o maior possível.

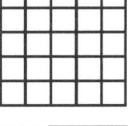

Assim procedendo não temos mais espaço disponível para outro de lado 3. Portanto, os próximos serão três de ordem 2, para os quais temos várias soluções indicadas a seguir juntamente com os de lado 1 em número de quatro.

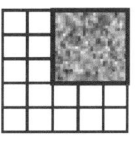

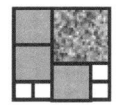

Quadrado de Fibonacci de ordem 8=f_6

O primeiro quadrado componente será o de ordem 5. De novo verificamos que ele deve ser colocado em um canto para que possamos assim usar algum de ordem 3, o maior possível.

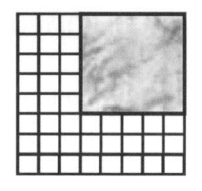

Colocamos três de ordem 3.

Agora o maior é o de ordem 2; colocamos dois e sobram quatro de ordem 1.

Oferecemos a seguir algumas soluções:

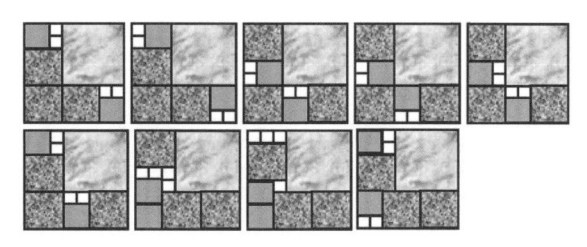

Será que conseguiremos alguma regra para a decomposição?

Façamos um pequeno balanço das soluções para cada caso. Todas, ainda que com quadrados em diferentes disposições, apresentam a mesma quantidade de quadrados de mesma ordem.

a) **Quadrado de ordem 5**
decomposição:
Um de ordem 3
Três de ordem 2
Quatro de ordem 1

b) **Quadrado de ordem 8**
decomposição:
Um de ordem 5
Três de ordem 3
Dois de ordem 2
Quatro de ordem 1

Ainda não dá para inferirmos a decomposição para o de ordem 13, mas temos alguns elementos parciais úteis:

**Nos dois casos iniciamos com um quadrado de ordem imediatamente inferior.
Nos dois casos temos três quadrados da ordem seguinte.
Nos dois casos temos ao final quatro de ordem um.**

c) **Quadrado de ordem 13**

Procedendo da mesma maneira temos, por exemplo, as seguintes soluções, que confirmam nossas observações:

Temos um quadrado de ordem 8
Três de ordem 5
Dois de ordem 3
Dois de ordem 2
Quatro de ordem 1.

Agora, em termos de números de Fibonacci, podemos inferir a seguinte composição:

$(f_{n+1})^2 = (f_n)^2 + 3(f_{m-1})^2 + 2[(f_{n-2})^2 + (f_{n-1})^2 + ... + (f_3)^2] + 4$ de ordem 1,

ou melhor, para n > 3 devemos ter:

$(f_{n+1})^2 = (f_n)^2 + 3(f_{m-1})^2 + 2[(f_{n-2})^2 + (f_{n-1})^2 + ... + (f_2)^2 + (f_1)^2]$

Verifiquemos a credibilidade na decomposição do quadrado de ordem 21 = f_8, o que faremos apenas com uma das disposições.

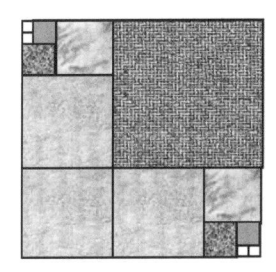

De fato, temos

Um de ordem 13 = f_7, três de ordem 8 = f_6,
Dois de ordem 5 = f_5, dois de ordem 3 = f_4,
Dois de ordem 2 = f_3, quatro de ordem 1,
Dois de ordem 1= f_2 e dois de ordem 1 = f_1,

o que torna nossa inferência credível e simultaneamente válida a igualdade anterior de números de Fibonacci.

E o número de quadrados em cada decomposição?!!!

Para descobrirmos basta contarmos o número deles em cada caso. Ordem 5 é 8; ordem 8 é 10; ordem 13 é 12, portanto cada vez aumenta dois quadrados, logo para ordem 21 deve ser 14, o que de fato se verifica. Portanto, *se o quadrado de Fibonacci é de ordem f_{n+1} será decomposto em 2 n quadrados de Fibonacci.*

COMENTÁRIO

O estudo da decomposição que realizamos pode ser aplicado no ensino como um desafio ou um jogo. Poder-se-ia dispor de tabuleiros quadriculados e um conjunto de quadrados de Fibonacci de diversas ordens. O desafio consistiria em cobrir o tabuleiro com quadrados de Fibonacci sob a condição de serem colocados sucessivamente visando sempre permitir a colocação de um maior possível. Além do aspecto da descoberta do número total de quadrados empregados, o número de soluções pode ser um objetivo a ser considerado.

D – PARADOXOS

UM PARADOXO MEDIANTE NÚMEROS DE FIBONACCI

Consideremos as peças A, B, C e D recortadas: A e B obtidas de um retângulo, C e D de outro retângulo, conforme mostramos nas duas figuras seguintes:

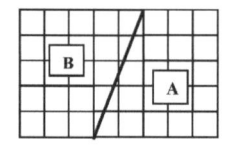

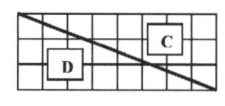

Reunimos as peças, ajustando-as conforme o retângulo dado a seguir.

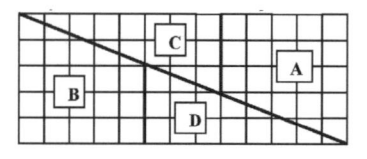

A área desse retângulo é igual a 13 x 5 = 65 quadradinhos.

Agora reunimos as peças ajustando-as conforme o quadrado ao lado. A área do quadrado é igual a 8 x 8 = 64 quadradinhos.

Curioso! Juntando as peças que formam o retângulo deu 65 quadradinhos.

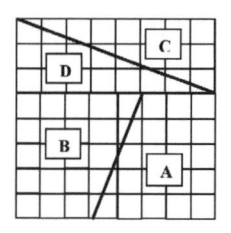

> Sumiu um quadradinho! Quem encontrar, queira devolver.

UM PARADOXO SIMILAR

Vamos refazer a experiência com peças de outras medidas, mas fazendo cortes parecidos na obtenção das quatro peças.

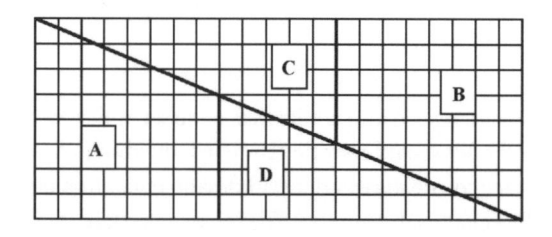

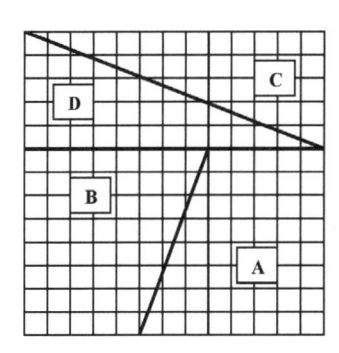

AR = 8 x 21 = 168 quadradinhos

mas

AQ =13 x 13 = 169 quadradinhos

Caramba! Aumentou!

Agora o quadradão é o que tem um quadradinho a mais.

Será que devolveram o quadradinho?!

PARADOXO COM NOVO DIAGRAMA

Vamos fazer outra experiência juntando as quatro peças iniciais de outra forma.

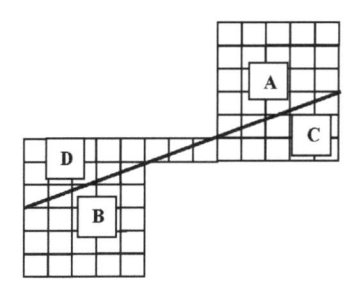

Área da figura = 6 x 5 + 3 x 1 + 6 x 5 = **63 quadradinhos**.

No entanto, na primeira disposição a área era de **65** e na segunda era **64**, tinha *sumido um quadradinho*.

Espere, 65 – 63 = 2, então *sumiu mais um quadradinho*.

Polícia, socorro! Roubaram mais um quadradinho...

PERCEPÇÃO VISUAL

Calma. Seria uma falha de percepção visual?

Vamos verificar as inclinações:

Na peça A (ou B), temos uma inclinada dada por um triângulo retângulo cujos catetos medem 2 e 5 unidades; portanto a inclinação (declividade) é de 2/5.

Na peça C (ou D) temos uma inclinada dada por um triângulo retângulo cujos catetos medem 3 e 8; portanto a inclinação (declividade) é de 3/8.

Essas duas inclinações precisam ser iguais quando juntamos as peças para formarmos o retângulo 13 x 5; porém elas não são iguais, pois 2/5 equivale a 16/40 e 3/8 equivale a 15/40.

Observamos que 15/40 < 16/40 e somente de 1/40 = 0,025; portanto a rigor, no canto direito inferior a junção entre as peças A e D não acontece, há um pequeno vão angular entre elas, o mesmo acontecendo na junção de B e C, mas invertido. Segue que a diagonal do retângulo não existe, mas sim um paralelogramo bem alongado, ampliado na figura seguinte.

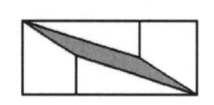

É importante lembrar que a área do paralelogramo é exatamente de um quadradinho, que foi considerada a mais (64 + 1 = 65). Este fato nos mostra que sendo o paralelogramo bem fininho nossa visão não o percebe, é uma falha de percepção visual.

No caso da outra figura, quando usamos outras medidas e curiosamente do retângulo para o quadrado aumentou de um quadradinho, se verificam inclinações de 5/13 e 3/8 equivalentes respectivamente a 40/104 e 39/104, portanto a maior inclinação é a de 5/13, que inverte a falha.

QUAL O PAPEL DOS NÚMEROS DE FIBONACCI?

A inclusão desses paradoxos tem por objetivo mostrar novamente outras "intromissões" dos números de Fibonacci. Aliás, observa-se que fundamentalmente empregou-se peças tendo por lados quatro números consecutivos de Fibonacci

Assim, nas áreas tivemos respectivamente no primeiro e segundo paradoxo as diferenças de áreas:

$$A_R - A_Q = f_5 \cdot f_7 - (f_6)^2 = 5 \cdot 13 - 8^2 = 1$$
$$A_R - A_Q = f_6 \cdot f_8 - (f_7)^2 = 8 \cdot 12 - 13^2 = -1$$

Isto é, do **retângulo para o quadrado,** temos respectivamente a **diminuição e o aumento de um quadradinho.**

Essas igualdades são consequências da propriedade de Simson / Cassini (ver cap. III): $f_{n-1} \cdot f_{n+1} - (f_n)^2 = (-1)^n$; portanto, se construirmos peças com os consecutivos $f_6 = 8$, $f_7 = 13$, $f_8 = 21$ e $f_9 = 34$, teremos $A_R - A_Q = f_7 \cdot f_9 - (f_8)^2 = 1$, porque n = 8 é par.

> **Haveria medidas para recortar as peças desde que houvesse igualdade entre as duas áreas?!**

Sim. Vejamos.

Consideremos a sucessão geométrica dada pela razão áurea $\tau \approx 1{,}618$

$$1, \tau, \tau^2, \tau^3, \tau^4, \tau^5, \ldots$$

que, conforme mostramos no cap. III, é uma extensão da sucessão de Fibonacci:

$$1, \tau, 1+\tau, 1+2\tau, 2+3\tau, 3+5\tau, \ldots$$

Selecionemos, analogamente aos paradoxos, quatro termos consecutivos quaisquer, por exemplo $1, \tau, \tau^2$ e τ^3, e atribuamos às quatro peças essas medidas em correspondência de ordem:

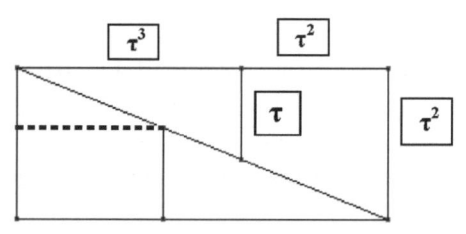

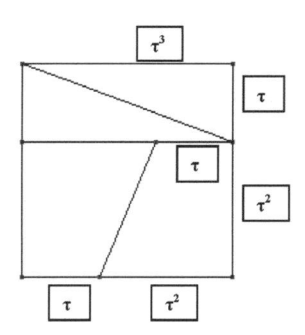

Inclinações iguais

No triângulo retângulo da peça A (ou B),

$$\frac{cateto \ (menor)}{cateto \ (maior)} = \frac{\tau^2 - \tau}{\tau^3} = \frac{1}{\tau^2}$$

No triângulo retângulo da peça D (ou C),

$$\frac{cateto \ (menor)}{cateto \ (maior)} = \frac{\tau}{\tau^3} = \frac{1}{\tau^2}$$

Áreas iguais

$A_R = (\tau^3 + \tau^2) \tau^2 = \tau^4 (\tau + 1) = \tau^6$
$A_Q = (\tau + \tau^2)^2 = \tau^2 (1 + \tau)^2 = (1 + \tau)^3 = (\tau^2)^3 = \tau^6$

SEGUNDA PARTE

UMA FAMÍLIA-P DE MATERIAIS PEDAGÓGICOS

Estudaremos nesta parte quatro materiais pedagógicos que temos denominado Família-P, distribuídos em quatro capítulos:

Poliminós
Poliamondes
Polihexes
Policubos

Os poliminós talvez sejam os mais conhecidos no Brasil. Há alguns anos os temos estudado isoladamente e também com colegas, para os quais temos dado algumas contribuições.

Dos outros três, extensões ou planas ou espaciais, ao contrário, sabe-se que apenas os poliamondes tiveram um estudo mais detalhado entre os brasileiros. Assim, citamos trabalhos de nossa autoria e de iniciação científica sob nossa orientação, com algumas divulgações. Os polihexes nem mesmo no exterior tiveram seu maior desenvolvimento, permanecendo praticamente incipientes, e os Policubos, que são as extensões espaciais dos poliminós, tiveram bom desenvolvimento no exterior.

O professor sentirá nos próximos capítulos o interesse dos alunos na realização de atividades com qualquer um desses materiais, e o leitor que desejar usá-los só como recreação perceberá quão absorventes são.

> A motivação faz parte dos procedimentos de ensino; portanto não será praguejando que farás aprender.
>
> VITOR PAUCHET

CAPÍTULO 5
POLIMINÓS

A - INTRODUÇÃO

CONCEITUAÇÃO

Os poliminós são geometricamente caracterizados como figuras planas geradas pela conexão de quadrados congruentes (iguais) pelo menos por um lado.

CLASSIFICAÇÃO

Como os poliminós são compostos de quadrados, sua classificação natural e usual baseia-se na simples contagem dos quadrados que os compõem. As denominações correspondentes têm como indicador o vocábulo "dominó", peça de conhecido jogo, em geral constituída de dois quadrados.

Em consequência, classificamos os poliminós em dominós, triminós, tetraminós, pentaminós, hexaminós, etc., respectivamente com dois, três, quatro, cinco, seis, etc. quadrados. Por extensão, chamamos monominó a um só quadrado.

GÊNESE

Sua denominação foi dada por Solomon Wolf Golomb, em 1953, numa conferência no Clube de Matemática da Universidade de Harvard. Aqueles compostos por cinco quadrados já tinham aparecido, em 1907, no livro *The Canterbury Puzzles*, do inglês Henry Ernest Dudeney, no Prob. n. 74, reimpresso pela Dover em 1958 mas sem o uso do nome "pentaminó".

Merece especial referência a própria obra de Golomb (1965), e é importante lembrarmos o grande desenvolvimento dos poliminós com vários trabalhos de natureza matemática e recreativa de diversos pesquisadores. É imprescindível mencionarmos o grande divulgador Martin Gardner em sua coluna no *Scientific American* e em seus agradáveis livros (GARDNER, 1959; 1961; 1965).

B - POLIMINÓS E EDUCAÇÃO

O despertar educacional dos poliminós logo se fez presente em razão de sua fácil construção, notável adequação a diferentes atividades educacionais e objetivos distintos, com sua característica altamente motivadora. As publicações em revistas de ensino e aprendizagem de matemática ou específicas de matemática atestam sua importância e utilização nos vários países.

No Brasil, pelo que investigamos, os poliminós surgiram pela primeira vez, na tradução pela IBRASA de uma das obras de Gardner. Cremos ter a primazia de tê-los empregado com finalidade educacional em obra didática para professores ("primários") (BARBOSA, 1969; 1986), porém com poucas sugestões. No II-EPEM/SP (Encontro Paulista de Educação Matemática), em 1991, tivemos uma pequena comunicação introdutória educacional por A. J. Lopes ("Bigode"), hoje autor de uma coleção didática para o Ensino Fundamental, com várias atividades usando poliminós. No IV EDUMAT/Campo Grande, em 1993, apresentamos em coautoria com Elizabete e Jairo Araújo os resultados de uma experiência com triminós. Ainda nesse ano, inserimos em nosso livro de mosaicos (BARBOSA, 1993) o cap. 7 sobre "Poliminós e Pavimentações." Em 1994, apareceram, ainda que timidamente, no caso de pentaminós, nas EM-1 grau (Experiências Matemáticas – CENP/Sec. Educ./ S.P.). Nessa última década o emprego dos poliminós se consagrou.

Ao leitor interessado pelo tema informamos a existência dos seguintes trabalhos, em lista provavelmente incompleta:

BARBOSA, R. M.; SILVA, E. A.; DOMINGUES, H. H. Atividades Educacionais com Tetraminós. *Projeto Tetraminó*, UNIRP (apresentado em forma de cinco comunicações ao V – ENEM, Aracajú, 1995).

BARBOSA, R. M.; BARBOSA, M. R. D. Janela para tetraminó T virtual em SLOGOW, e mosaicos. *Revista de Educação Matemática*, 3, 1997, p. 71-73.

BARBOSA,R. M. *Poliminós*, Série materiais pedagógicos e jogos, Fasc. n.1 – IMES/Catanduva.

BARBOSA, M. R. D.; BARBOSA, R. M. Uma janela para construir e colorir mosaicos de tetraminós L em SLOGOW. *Resumos*, V EPEM/SBEM-SP, 1998, p. 191-194.

SILVA, A. F.; KODAMA, H. M. Y. Poliminós. *INTERCIÊNCIA/ Ciências Exatas*, ano 4, n. 2, 2004, p. 95-102.

C - CONTAGEM E LISTAGEM

Existem 1, 2, 5, 12, 35, 107, etc. tipos, respectivamente, de *dominós, triminós, tetraminós, pentaminós, hexaminós, heptaminós* (destes últimos um tipo com furo).

Dominós   Triminós   Tetraminós

Pentaminós

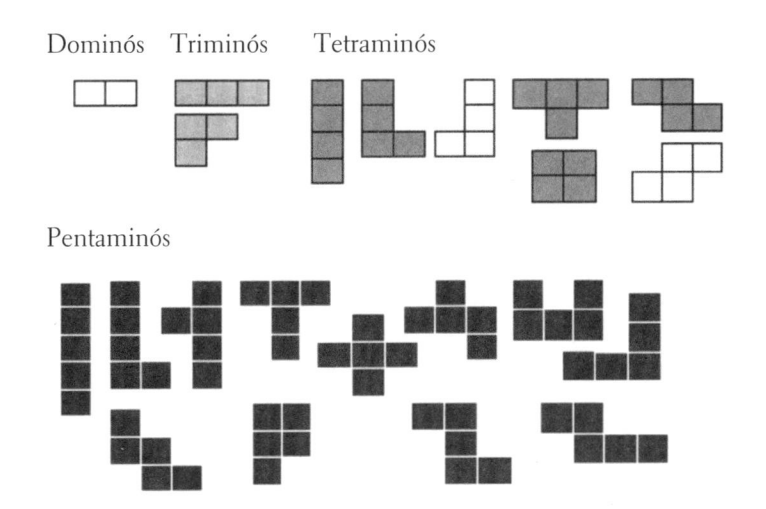

Contudo alguns autores, considerando que os poliminós não podem ser retirados do plano da mesa e virados, contam, por exemplo, sete no caso dos tetraminós, que contamos cinco (o reto ou I , o L, o T ou avião, o quadrado e o zigue-zague ou Z), com o L e o Z reflexionados, já que eles não podem ser superpostos sem serem virados fora do plano da mesa (são seus enantiomorfos).

É de se observar que a própria descoberta dos tipos pode ser colocada em atividade educacional.

D – CONSTRUÇÃO DAS PEÇAS

Sugerimos a construção das peças de poliminós com os quadrados componentes de 2,5 cm a 3,5 cm.

O material a ser empregado na construção pode ser desde cartolina ou papel cartão até E.V.A. (emborrachado), mas os cortes precisam ser feitos com o máximo cuidado. Nós temos preferido usar peças quadradas de madeira com aproximadamente 0,5 cm de altura, o que se consegue em qualquer carpintaria ou marcenaria por um preço barato, 1.000 unidades, devendo ser lixadas, depois conectadas com cola madeira para a formação das peças e finalmente coloridas, se for o caso. Todavia, o professor tem uma alternativa com o uso de papel quadriculado.

E – SUCESSÕES DE POLIMINÓS

Algumas atividades podem ser organizadas com tetraminós (ou então com pentaminós). A partir de um deles, deslocando apenas um de seus quadrados componentes, obter outro tipo, e assim sucessivamente até obter todos os cinco (respectivamente os 12).

Exemplificamos iniciando com o tetraminó reto, em cuja sucessão indicamos com quadrado preto a célula movimentada para o quadrado cinza:

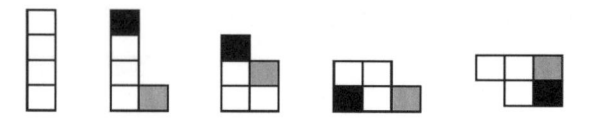

Obtivemos a sucessão na ordem I, L, ☐, Z e T.

Atividades análogas propostas de outra forma são bastante motivadoras; por exemplo, a de se fixar o primeiro e o último, que em geral ainda permite várias soluções. Iniciando com o tetraminó Z, construir a sucessão de todos tetraminós, desde que o último seja o tetraminó I.

Soluções:

Z, ☐, T, L , I ;   Z, ☐, L, T, I ;   Z, L, ☐, T, I;   Z, T, ☐, L, I

É curioso o fato de que algumas sucessões são impossíveis de se obter, como L, I, ☐, Z, T e Z, T, L, ☐, I.

Para sucessões com pentaminós, temos outra opção para construção de sucessões:

São dados o primeiro, o último e um ou dois intermediários, como no exemplo seguinte.

Completar a sucessão de pentaminós da qual são dados o 2º, o 5º, o 9º e o último:

Veja uma das soluções:

F – ATIVIDADES COM TRIMINÓS

Atividade 1

Construir um retângulo 3 x 4 usando só triminós não retos.

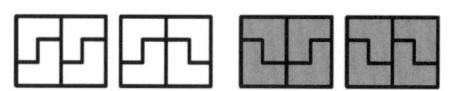

Obs: Observar que a terceira disposição pode ser considerada equivalente à segunda, bem como a primeira com a quarta por reflexão horizontal.

Atividade 2

Construir um quadrado 6 x 6 empregando triminós:

a) não retos e só dois triminós retos;

b) não retos e um só triminó reto;

c) só não retos;

d) só não retos, mas sem qualquer retângulo 2 x 3 interior.

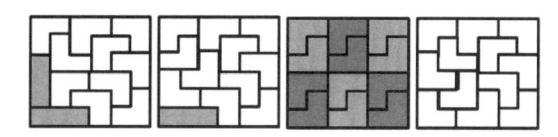

Atividade 3

É dado um tabuleiro retangular 5 x 8; pede-se cobri-lo com triminós não retos e um só monominó. Porém a posição do monominó está fixada previamente em qualquer célula do tabuleiro.

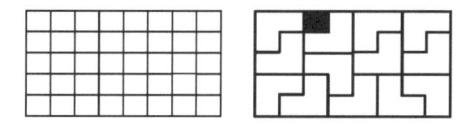

Na segunda figura exemplificamos com uma solução para o monominó na quadrícula 3. O leitor observará estratégias: a solução dada pode ser aplicada para as posições 4, 11 e 12, só efetuando rotações do quadrado 2 x 2

Também aplicando reflexão de eixo vertical sobre toda figura seguida dessas rotações obtemos soluções para o monominó nas posições 6, 14, 13 e 5. Analogamente, empregando reflexão de eixo horizontal sobre toda figura seguida dessas rotações têm-se soluções para outras posições do monominó: 27, 28, 36, 35 e 29, 30, 38, 37.

Temos portanto, com a descoberta de uma solução, obtido 16.

Procedendo de maneira semelhante encontram-se soluções para outras posições; entretanto, é impossível cobrir o tabuleiro para o monominó na posição 18 (ou 23), conforme mostramos nos esquemas a seguir.

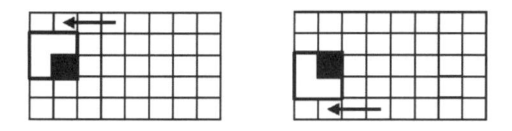

Obs: O professor poderá organizar atividades análogas para outros tabuleiros, por exemplo, 8 x 8 (3 x 21 + 1 = 64) , 5 x 5 (3 x 8 + 1 = 25), 7 x 7 (3 x 16 + 1), etc. Assim , no caso 8 x 8 temos face as rotações nos quadrados 2 x 2 que contêm o monominó e rotações desses quadrados 2 x 2 dentro do quadrado 4 x 4 obtemos 16 soluções.

Girando o quadrado 4 x 4, que contém o monominó, no 8 x 8 obtemos a cada rotação de 90º mais 16 soluções; portanto, o total de 64 soluções, ou que o monominó pode ser posto em qualquer quadrícula do tabuleiro, e sempre teremos solução.

NOTA: O trabalho completo relativo a esta atividade foi experimentado pelos meus colegas Elizabete e Jairo com alunos da licenciatura em Matemática da PUCC, em 1992-1993.

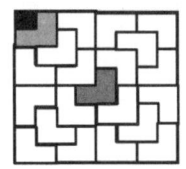

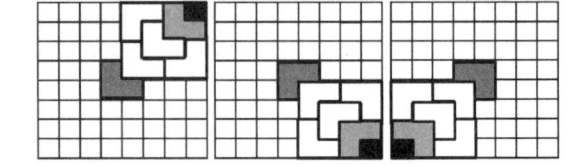

G – ATIVIDADES COM TETRAMINÓS

O interessado encontrará em nosso trabalho *Projeto Tetraminó*, de 1995, em coautoria com Eurípedes A. da Silva e Hygino H. Domingues, um acervo de muitas atividades com tetraminós; por isso nos limitaremos apenas a algumas.

Atividade 1

Usando só tetraminós retos (ou I).

a) Formar um quadrado 4 x 4 (solução única);
b) Formar um retângulo 4 x 5 (duas soluções);
c) Formar um retângulo 4 x 6 (três soluções);
d) Formar um retângulo 4 x 7 (três soluções);
e) Formar um retângulo 4 x 8 (cinco soluções);
f) Formar um retângulo 5 x 8 (várias soluções);
g) Formar um quadrado 8 x 8 (muitas soluções).

Atividade 2

Utilizando só tetraminós L.

a) Formar um quadrado 4 x 4;

b) Construir um retângulo 4 x 6;

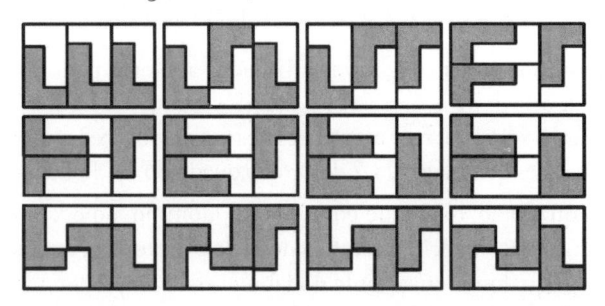

Nota: A oitava disposição é diferente da quinta? E se fizéssemos uma reflexão de eixo horizontal, seriam equivalentes?!!

Entretanto, temos mais uma solução dada pela formação do retângulo 4 x 6 sem retângulo 2 x 4 interior.

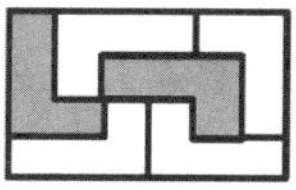

c) formar um retângulo 5 x 8 sem retângulo 2 x 4 interior;

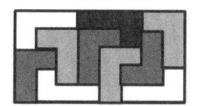

d) formar um retângulo 6 x 8 sem retângulo 2 x 4 interior;

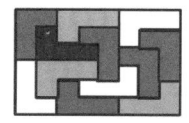

Atividade 3

Empregando só tetraminós T.

a) Formar um quadrado 4 x 4;

disposições enantiomorfas por reflexão vertical

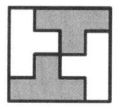

b) Formar um retângulo 4 x 8;

b.1) Livre;

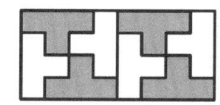

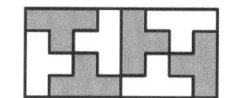

b.2) Sem quadrado 4 x 4 interior;

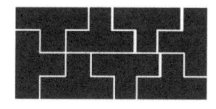

c) Formar um quadrado 8 x 8;

c.1) Livre (várias soluções);

c.2) Com um só quadrado 4 x 4 interior (central);

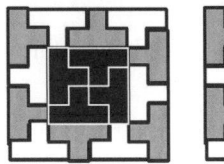

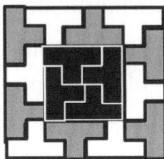

NOTA: Existiria solução se o quadrado 4 x 4 estivesse num canto? Que tal investigar?

Atividade 4

Utilizando só tetraminós Z.

É fácil verificar que, usando só tetraminós Z, não se podem construir retângulos nem quadrados. Sempre ficará quadrícula vazia em canto.

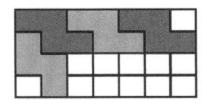

Atividade 5

Usando só tetraminós quadrados.

São muito fáceis as construções de retângulos e quadrados só empregando tetraminós quadrados e só serviriam para crianças bem jovens das séries iniciais, então não cuidaremos do item.

> **Sugestão ao item tetraminós**
>
> Condições suficientes e necessárias para a construção de retângulos com tetraminós ou L ou T nos artigos seguintes:
>
> KLARNER, D.A. Covering a rectangle with L-tetraminoes, *Amer.Math. Monthly*, 70, 1965, 760-761.
>
> WALKUP, D.W. Covering a rectangle with T-Tetraminoes, *Amer.Math. Monthly*, 72, 1965, 986-988.

Atividade 6

Trabalhando com tetraminós combinados.

a) Formar quadrado 4 x 4 usando três classes de tetraminós;

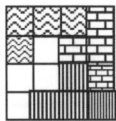

b) Formar retângulo 4 x 5 usando quatro classes de tetraminós;

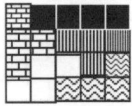

c) Formar um retângulo 4 x 6 com 2 L + 2 Z + 2 T;

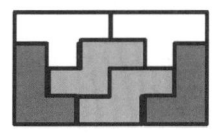

d) Formar retângulos empregando só I + ☐ + 2 Z + 2 L;

Solução para 4 x 6   Solução para 3 x 8

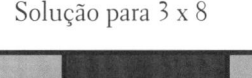

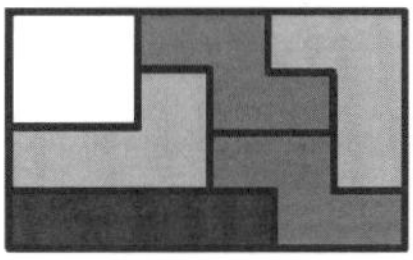

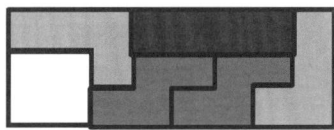

Como devemos usar esses seis tetraminós, a área de cada retângulo precisa ter 24 quadradinhos; portanto podemos ter retângulos 4 x 6, 3 x 8, 2 x 12 ou 1 x 24.

Existiria solução para o 2 x 12? E para o 1 x 24?

e) Formar retângulos usando só I + 2 T + 2 ☐ + 3 Z. + 4 L;

f) Formar retângulos usando só I + L + Z + 2 T + ☐;

g) Formar retângulos usando só 3 T + 3 L + 3 Z + ☐.

Atividade 7: Pavimentação do plano com tetraminós

a) Pavimentação monoedral

Conceito: Dizemos que um polígono pavimenta o plano se e só se o polígono com suas réplicas congruentes (cópias) cobrem o plano sem lacunas e sem superposição. Diz-se que a pavimentação é monoedral.

É claro que não se consegue realmente construir uma pavimentação do plano, mas apenas se faz uma pavimentação parcial do plano, suficiente para se ter uma ideia daquela do plano, o que se consegue desde que se perceba o padrão da construção.

Em nosso livro sobre mosaicos (BARBOSA, 1993) damos um tratamento bem mais desenvolvido do tema pavimentação, inclusive com ilustrações sobre pavimentações com pentaminós.

b) Pavimentações monoedrais com tetraminós

b.1) Usando só tetraminós I;

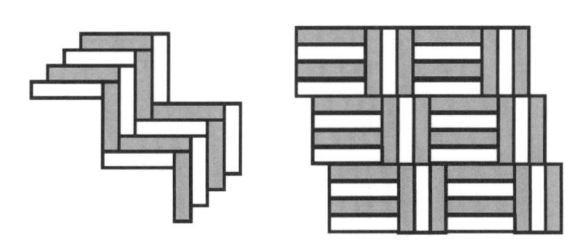

b.2) Utilizando só tetraminós L;

b.3) Empregando só tetraminós Z;

b.4) Usando só tetraminós T;

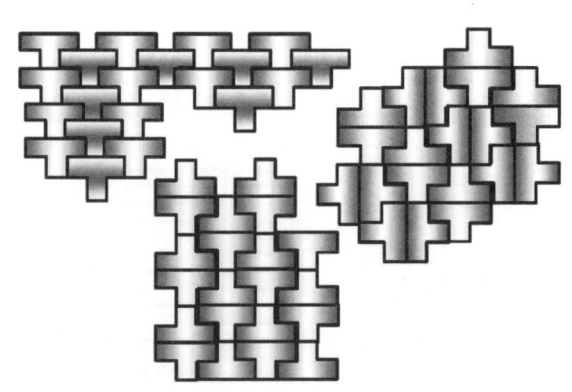

H – ATIVIDADES COM PENTAMINÓS

PRELIMINARES

Como existem 12 tipos de pentaminós, a construção de suas peças para uso em sala de aula pelos alunos ou mesmo grupos de alunos torna-se mais dispendiosa e obviamente mais difícil, o que conduz o professor a se fixar em trabalhos com papel quadriculado. Lembramos, no entanto, a existência de pentaminós comercializados no Brasil, em caixas contendo um conjunto com uma peça de cada tipo.

Limitaremos nossas atividades apenas a algumas.

Atividade 1 – O problema de Dudeney

As referências históricas à grande variedade de *puzzles*, jogos ou atividades com poliminós conduzem, em geral, a circunscrever o seu início justamente na pavimentação de retângulos, dos quais mais especificamente a quadrado. Assim, talvez, o mais antigo desses *puzzles* seja o problema n.74 – "The broken chessboard" –, de 1907, da obra *The Canterbury Puzzles*, de Henry Ernest Dudeney:

> Recobrir um tabuleiro quadriculado 8 x 8 com as 12 peças "pentaminós" e um "tetraminó" quadrado.

Sua primeira resolução foi apresentada com o tetraminó na lateral do tabuleiro, pelo próprio Dudeney. No modesto jornal britânico *The Fairy Chess Review*, T. R. Dawson, seu fundador, em 1937, mostrou que existe solução para o quadrado 2 x 2 em qualquer posição. Dana Scott, em 1958, quando estudante de Matemática na Universidade de Princeton, com recursos de um computador MANIAC, obteve 65 soluções diferentes para o caso do tetraminó quadrado no centro (incluídas aquelas identificáveis por reflexão ou rotação).

Fornecemos a seguir uma das soluções para o caso do **tetraminó quadrado no centro**; na segunda figura, oferecemos uma solução para o tetraminó quadrado no **canto direito inferior**. Sugerimos descobrir solução no caso de o tetraminó quadrado estar colocado numa das **laterais**.

Fornecemos abaixo duas soluções para **quatro monominós** dispostos no **centro simetricamente**.

Sugerimos mais as seguintes atividades:

a) Descobrir solução no caso de os **4 monominós estarem cada um num canto** (quadrículas **1, 8, 57 e 64**);

b) Encontrar solução para os **4 monominós** estarem nas

b.1) quadrículas **19, 22, 43 e 46**;

b.2) quadriculas **10. 17, 50 e 57**.

Atividade 2 – Problema maior de construção de retângulos

Já que, em problema maior, devem ser utilizados todos os 12 pentaminós diferentes, com a área do retângulo de 12 x 5 = 60 quadrículas, temos as seguintes versões:

a) Retângulo 6 x 10

b) Retângulo 5 x 12

NOTA: Observar que a primeira solução é composta de um quadrado 5 x 5 e um retângulo 5 x 7 e a outra de dois retângulos 5 x 6.

c) Retângulo 4 x 15

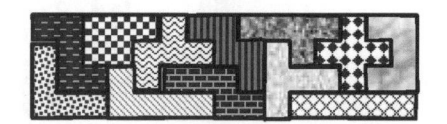

d) Retângulo 3 x 20

e) Retângulos 2 x 30 e 1 x 60?

Estes são impossíveis. A causa é fácil de ser descoberta.

Atividade 3 – Usando tabuleiros com furos

Atividade preliminar:

Construção de quadrados 5 x 5 com os cinco tetraminós

Eta! Mas cinco tetraminós utilizam 20 quadrículas! Sobram 5 quadrículas; então, será que podemos cobrir parcialmente o tabuleiro 5 x 5 com os cinco tetraminós e deixar o furo correspondente a um pentaminó fixado?

a) Seja o furo dado pelo pentaminó conforme indicamos no tabuleiro e a respectiva solução.

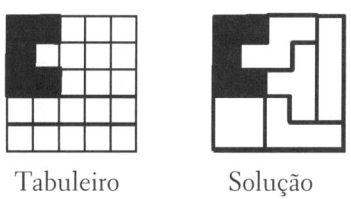

Tabuleiro   Solução

b) Resolver o mesmo problema com os furos dados conforme as figuras dos tabuleiros.

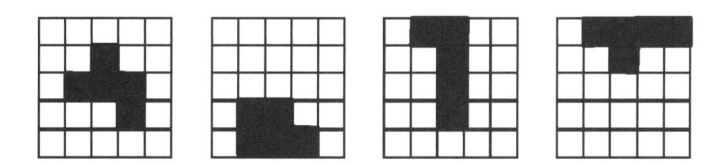

Atividade intermediária

Já que temos praticado problemas mais simples com furos, vamos passar a problemas, também com furos, mas com um pouco de dificuldade.

a) Construir o retângulo 3 x 7 com pentaminós, mas com um furo correspondente a um monominó.

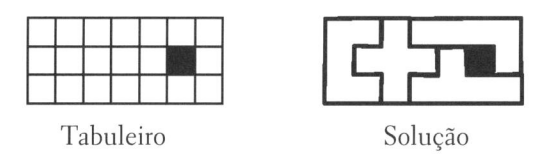

Tabuleiro   Solução

b) Mesmo problema com tabuleiros furados com monominós em outras posições.

Sugestão: Para o primeiro tabuleiro usar os pentaminós:

Para o segundo, os seguintes:

c) **Problema maior**: Tabuleiro 5 x 13

Construir um retângulo 5 x 13 com todos tipos de pentaminós e um furo correspondente a um dos pentaminós.

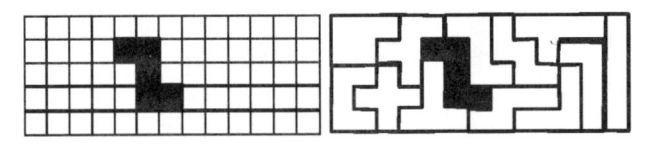

Sugerimos resolver "**problemas maiores**" com o furo igual a uma cópia de um dos pentaminós, como o dado no tabuleiro seguinte.

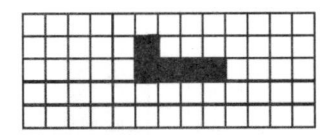

I – ORDEM DE UM POLIMINÓ

CONCEITUANDO

Alguns tipos de poliminós formam um retângulo usando só duas de suas cópias congruentes, como é o caso do triminó não reto, dos tetraminós e dos pentaminós em L.

Entretanto, com *duas* réplicas do hexaminó (ao lado), não conseguiremos formar um retângulo.

Contudo, empregando *quatro* réplicas é possível.

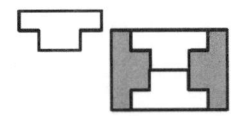

Surge-nos então a questão para qualquer poliminó:

> **Qual número mínimo de réplicas congruentes de um dado poliminó seriam necessárias para se construir um retângulo?**

Esse interessante desafio geométrico-numérico serviu para que D. A. Klarner conceituasse **Ordem de um Poliminó**, em 1969, em seu trabalho publicado no *Journal of Combinatorial Theory* n. 7. Assim, os três primeiros são de **ordem 2** e esse hexaminó é de **ordem 4**.

Por extensão, no caso do poliminó já ser de forma retangular, dizemos que a sua **ordem é 1**. Na impossibilidade de se construir um retângulo com réplicas congruentes de um dado poliminó, diz-se que a sua ordem **não é definida**.

ATIVIDADES EDUCACIONAIS

Descobrir a ordem dos poliminós seguintes:

Tetraminó T   Eneaminó (escada dupla)   Pentaminó P   Eneaminó

Soluções: Ordem 4, 4, 2 e 4.

Questões para visualizar e pensar

a) Quais são os tetraminós de ordem 1?

b) E pentaminó de ordem 1?

c) Quais tetraminós não têm a ordem definida?

Respostas: a) o reto e o quadradão; b) só o reto; c) o zigue-zague.

Mostrar, formando um retângulo 9 x 12, que o hexaminó dado ao lado é de ordem 18.

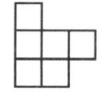

PREPARANDO POLIMINÓS DE ORDEM 4 VISANDO A ORGANIZAÇÃO DE UM ARQUIVO

Considerar por exemplo um quadriculado 6 x 6 (ou 8 x 8, ou 10 x 10).

Passo 1: Marcar ponto central;

Passo 2: A partir desse ponto, construir quatro segmentos unitários perpendiculares aos lados;

Passo 3: Pelas suas extremidades construir segmentos com a mesma orientação;

Passo 4: Repetir o Passo 3 sucessivamente até que se alcance os lados do contorno do quadriculado.

Nota: Não cruzar as poligonais construídas.

Passos 1 e 2

Passo 3 Passo 4 Passo 5

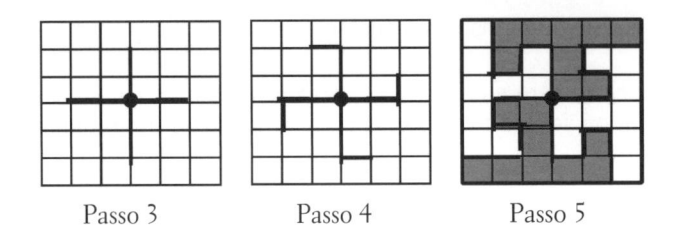

Observar que o quadriculado ficou dividido em quatro poliminós congruentes, portanto às suas ordens são iguais a 4. Analogamente proceder com outras poligonais.

FAMÍLIAS DE POLIMINÓS

Conceituando

É provável que o leitor tenha observado que os poliminós *tipo L* (mesmo o triminó não reto) constituindo um conjunto com certa característica em comum, função de sua forma, possuem um padrão relativo à sua ordem. Todos possuem a ordem 2.

Fato similar acontece, por exemplo, com os poliminós *tipo P*. Eles também possuem a mesma ordem 2, função da forma que os caracteriza. Dizemos que cada um desses conjuntos constitui uma **família de poliminós**.

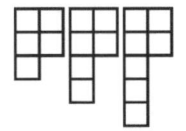

Outro exemplo interessante é o da família que principia com o tetraminó T, com formas parecidas e mesma ordem 4.

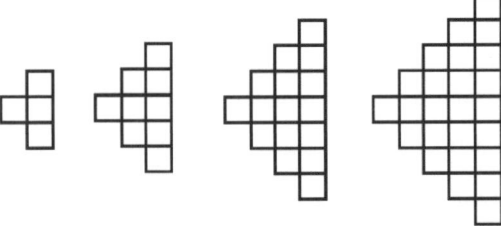

Descobrindo famílias e ordens

a) **Primeira família:**

Seja o dodecaminó (ou 12-minó) dado abaixo, de ordem 8.

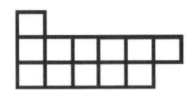

Vamos ampliá-lo procurando conservar suas características quanto à forma. Observamos que duas de suas medidas são de **5 unidades**. Experimentemos mudá-las **para 9 unidades**, alongando-o. O novo poliminó será então um **20-minó**.

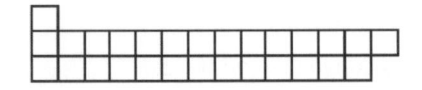

Dodecaminó: ordem 8
(retângulo 8 x 12)

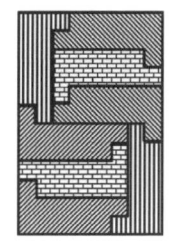

20-minó: ordem 12
(retângulo 12 x 20)

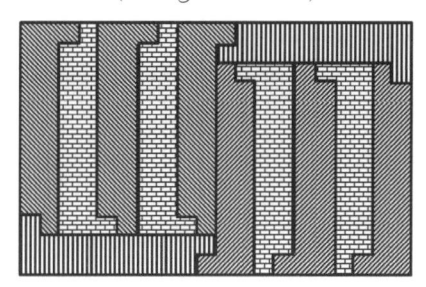

Verifica-se que, nesse caso, as ordens são diferentes, mas a disposição nos retângulos tem o mesmo padrão. Será que existe uma família segundo essa disposição?

1) Passamos de cinco para nove unidades, então o próximo da família deve ter essa medida ampliada novamente em quatro unidades; portanto terá **13** unidades, alongando mais um pouco horizontalmente.

2) O primeiro polimimó era dodecaminó (ou **12-minó**) e passou a **20-minó**; então o próximo *deve ser* um **28-minó**.

3) O retângulo inicial era **8 x 12**, e o segundo, **12 x 20**. Prevemos que, verificando que a primeira dimensão 8 passou para 12 aumentando quatro unidades, a próxima primeira dimensão do retângulo deve ser 16. De maneira similar a segunda de **12** passou para **20**, aumentando oito unidades, então a segunda dimensão deverá ser **28**. Em outras palavras inferimos, para que o padrão exista, que o novo retângulo será **16 x 28**.

4) Quanto à ordem 8 passou para 12, então o novo polimimó deverá ter **ordem 16**.

NOTA: Entendemos essa inferência plausível para a existência do padrão para a família.

Antes da *investigação geométrica* para verificar a veracidade ou não da previsão, é também possível conferir *numericamente* os valores encontrados:

> **Se o retângulo esperado é 16 x 28,
> teremos 448 quadrículas, e como o polimimó previsto é um
> 28-minó, então dividindo o número de quadrículas por 28 teremos
> a ordem, e no caso será 16 de acordo com a indução do item 4.**

Deixamos a cargo do leitor interessado fazer a confirmação geométrica formando um retângulo 16 x 28 com dezesseis 28-minós segundo o padrão de disposição utilizado nas duas primeiras figuras.

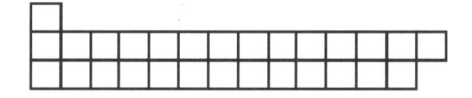

NOTA: Antecipando a possível pergunta.

Qual o próximo elemento da família e qual a sua ordem?

Respondemos que bastaria continuar o padrão de medidas: o próximo será um 36-minó com a base de 17 unidades, e o padrão de ordens fornece a ordem 20.

b) **Uma segunda família**

Outra família pode ser estudada usando o mesmo ancestral, o 12-minó. Todavia o ampliamos, no sentido vertical e também horizontal, conforme indicamos nas figuras seguintes

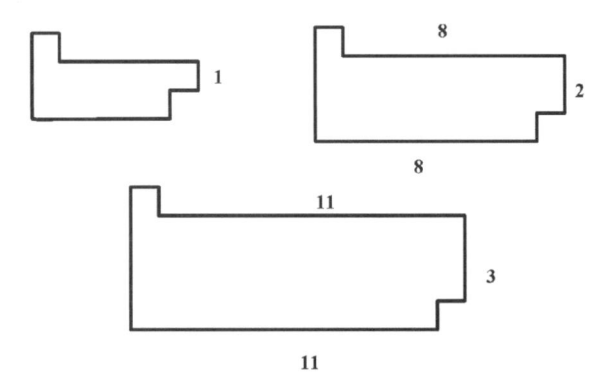

NOTA: Maravilhosamente essa família forma retângulos com o mesmo padrão da primeira família, porém todos seus elementos possuem a **ordem 8**.

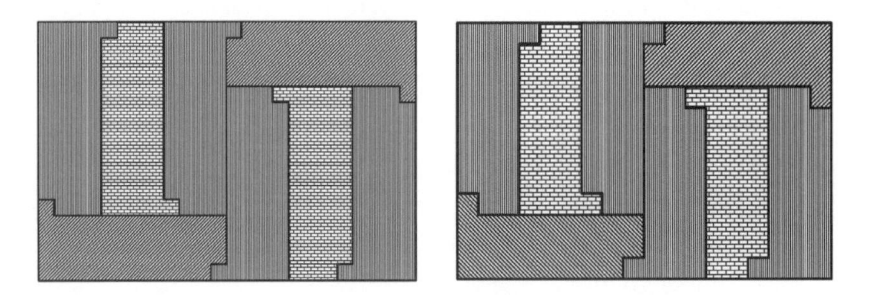

INCRÍVEL, CURIOSO E MARAVILHOSO POLIMINÓ

Fornecemos a seguir um dos incríveis, curiosos e maravilhosos poliminós de **ordem 10** de William Rex Marshall, da Nova Zelândia, descobertos há uma década, publicados em 1997 no *Journal of Combinatorial Theory*, n.77.

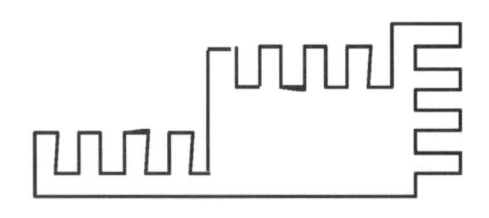

Incrível por ser 80-minó! **Curioso** por seus **três denteados**! Também **maravilhoso** pela sua baixa **ordem** e grande **beleza**!!!

O leitor, se motivado, poderá verificar a sua ordem formando um retângulo 20 x 40 que apresenta uma simetria rotacional de 180º.

UM PEQUENO CATÁLOGO DE ORDENS

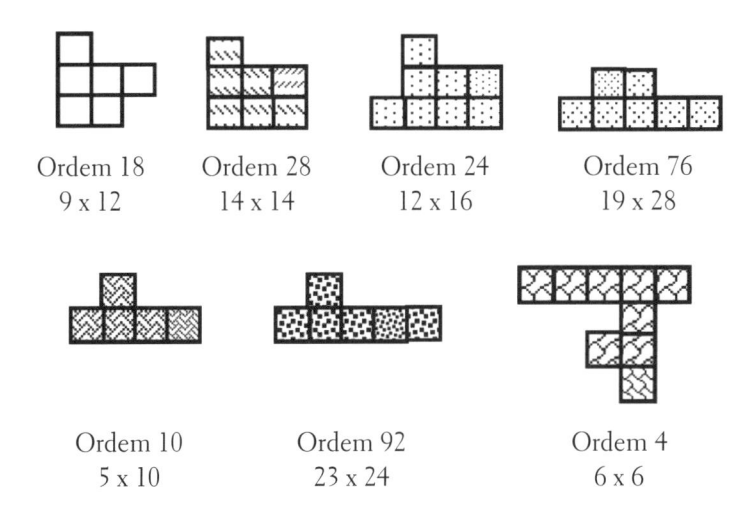

Ordem 18
9 x 12

Ordem 28
14 x 14

Ordem 24
12 x 16

Ordem 76
19 x 28

Ordem 10
5 x 10

Ordem 92
23 x 24

Ordem 4
6 x 6

CAPÍTULO 6
POLIAMONDES

A – INTRODUÇÃO

Acreditamos que o inglês Thomas O'Beirne foi o introdutor da denominação poliamonde (1961a, 1961b), talvez ao observar a forma de dois triângulos equiláteros congruentes conectados, cuja figura chamou de *"diamond"* (diamante). Porém, convém lembrarmos que Reeve e Tyrrell (1961) no mesmo ano, propuseram o problema de construção de um losango-60° com todos os tipos de figuras com seis triângulos equiláteros congruentes.

B – CONCEITOS, CONTAGEM E LISTAGEM

Vimos no capítulo anterior que os poliminós são gerados pela conexão de quadrados pelo menos por um lado; analogamente:

> **Os poliamondes são gerados pela conexão, pelo menos por um lado, de triângulos equiláteros congruentes.**

Os poliamondes constituem, portanto, extensões planas dos poliminós; o que muda são as células geradoras, de quadrados para triângulos equiláteros. Da mesma maneira, nos polihexes, as células geradoras são hexágonos regulares. Harary e Palmer (1973) chamam em qualquer caso as células de *"animals"* (animais); assim, nos poliminós, teríamos *quatro animals*, nos poliamondes, *três animals* e nos polihexes seis *animals*. Aliás, observa-se só a presença de quadrados, triângulos equiláteros e hexágonos regulares, já que são esses os únicos polígonos regulares que pavimentam o plano.

Supomos para a formação de um poliamonde a sua composição com pelo menos dois triângulos equiláteros, de onde considerarmos um só triângulo equilátero como extensão óbvia, o moniamonde. Analogamente aos poliminós denominamos os poliamondes de diamonde (duas células), triamonde (três células) e assim sucessivamente (tetriamonde, pentiamonde, hexiamonde...).

Existem respectivamente 1, 1, 3, 4, 12, 24... poliamondes com 2, 3, 4, 5, 6, 7... células, dos quais oferecemos a seguir a listagem até seis células com nomes sugeridos em um seminário com alunos de iniciação científica.

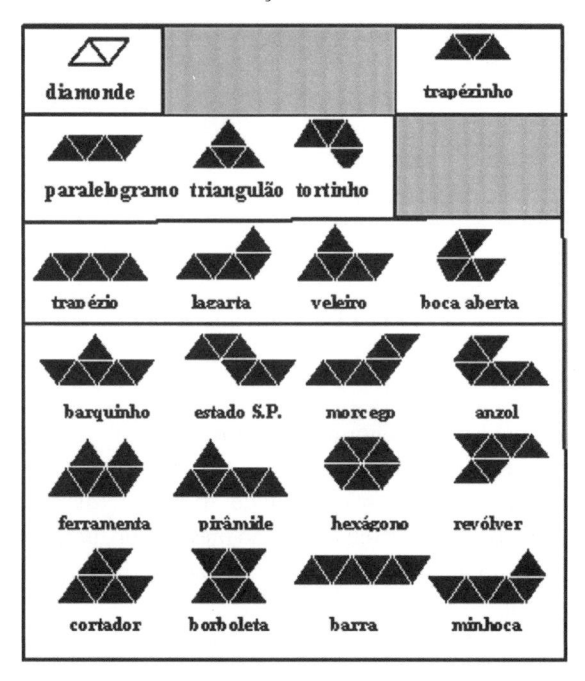

diamonde		trapézinho
paralelogramo	triangulão	tortinho
trapézio	lagarta	veleiro	boca aberta
barquinho	estado S.P.	morcego	anzol
ferramenta	pirâmide	hexágono	revólver
cortador	borboleta	barra	minhoca

C – BALANCEAMENTO

As construções de figuras geométricas com emprego de poliamondes necessitam que essas figuras sejam constituídas da composição de triângulos equiláteros congruentes com a mesma medida dos triângulos equiláteros que compõem os poliamondes e ainda que o *número de células triangulares* da figura geométrica seja igual à *soma das células triangulares* dos poliamondes candidatos à construção.

ILUSTRAÇÃO

A primeira figura, um triângulo equilátero de lado 4, já que possui 16 células triangulares, poderia, **talvez**, ser construído, por exemplo, com o seguinte conjunto de poliamondes: trapezinho + triangulão + paralelogramo + trapézio, cuja soma é de 3 + 4 + 4 + 5 = 16; conforme conseguimos na segunda. Entretanto, essa figura triangular **não** poderia ser obtida só usando um conjunto de pentiamondes, pois esses só teriam por soma múltiplos de 5.

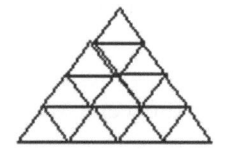

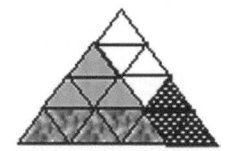

Essa condição *não é suficiente*, é simplesmente uma das condições *necessárias*. O professor pode pavimentá-la na forma de uma exploração inicial em termos de área, quando a unidade de área é de uma célula triangular. No caso, a figura teria área = 16 Δ.

Os poliamondes possuem números ou ímpar ou par de células triangulares. Portanto, se pintarmos suas células adjacentes com cores diferentes, por exemplo preto e cinza, é de se prever que os de número par tenham a mesma quantidade de pretas ou de cinzas, e os de número ímpar de células necessariamente terão esses números desiguais.

De fato, todos pentiamondes, por terem cinco (ímpar) células, terão três com uma cor e duas com outra.

Contudo, no caso daqueles com número par de células, essa previsão não se confirma. Assim, no caso dos tetriamondes, temos a presença dessa regra no paralelogramo e no tortinho, mas no triangulão temos três células pretas e uma cinza (ou inversamente)

Decorre dizermos que o paralelogramo e o tortinho são *balanceados* e o triangulão é *não balanceado*.

Generalizamos esse conceito para qualquer poliamonde com a definição:

Um poliamonde é balanceado se e só se, colorindo células adjacentes uma com preto e outra com cinza, então o número de células pretas é igual ao número de células cinzas.
No caso de desigualdade denominamos o poliamonde de não balanceado.

Indicando com P o número de células pretas e com C o de cinzas, definimos:

Desequilíbrio numérico[24] é a diferença Δ = P − C, nessa ordem.
Se Δ = 0, então o poliamonde é balanceado, e há equilíbrio entre pretas e cinzas; e se Δ ≠ 0, existe desequilíbrio e é não balanceado.

Vamos procurar estabelecer uma *estratégia preliminar* com essa simples caracterização. Para isso estudaremos uma situação-problema.

---

[24]Para emprego uniforme do conceito, é conveniente utilizar todas figuras e poliamondes de tal forma que as células possuam um dos lados do triângulo equilátero em posição horizontal inferior e colorir essas células com preto.

ESTUDANDO UMA SITUAÇÃO-PROBLEMA

O polígono dado ao lado tem o total T = 42 células. Considerando que é múltiplo de 6, temos uma possibilidade de pavimentá-lo com sete hexiamondes.

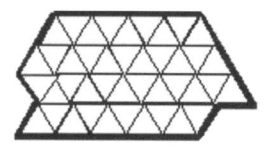

Porém, a sua escolha não é totalmente arbitrária; se faz necessário o estudo de seus balanceamentos em confronto com o balanceamento do polígono.

Verifica-se que Δ = 22 – 20 = 2. Portanto, já que não temos equilíbrio, a figura é não balanceada.

Quanto aos hexiamondes temos 10 balanceados e dois não balanceados, que são a ferramenta e a pirâmide, ambos com Δ = 2 (ou -2) conforme os posicionamos (ver os posicionamentos a seguir).

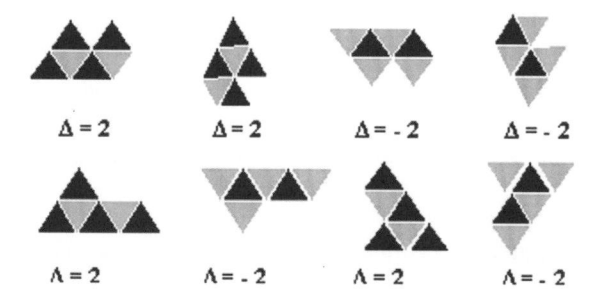

Da investigação anterior, o resultado é que poderemos tentar obter uma pavimentação da figura usando:

– ou seis hexiamondes balanceados e um não balanceado;
– ou então quatro balanceados e três não balanceados, mas dois com desequilíbrio Δ = 2 e um com Δ = – 2 (para que a soma seja igual ao desequilíbrio da figura).

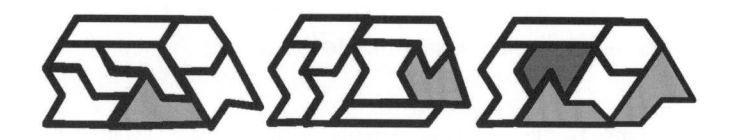

Resulta do estudo um procedimento que constituirá uma estratégia preliminar.

Procedimento

Ação 1: Contar o número total T da figura F;

Ação 2: Testar se T é múltiplo do número n de células dos poliamondes (6 se hexiamondes, 5 se pentiamondes, etc.), dividindo T por n, se afirmativo o quociente Q é o número de peças;

Ação 3: Colorir as células de F alternadamente preto e cinza;

Ação 4: Calcular $\Delta F = P - C$ (nessa ordem) da figura F;

Ação 5: Selecionar um conjunto de peças de tal forma que o conjunto tenha o desequilíbrio $\Delta = \Delta F$;

Ação 6: Testar a construção de F por *acerto e erro* com o conjunto de peças selecionadas.

D – OS PROBLEMAS DE REEVE/TYRRELL

LOSANGO-60°

Reeve e Tyrrel forneceram no seu trabalho a solução para o rombo-60° de lado seis unidades, portanto com T = 72, usando todos os Q = 12 diferentes hexiamondes conforme a primeira figura. Observamos que, não mencionaram o uso de alguma conceituação de balanceamento ou outra estratégia. Contudo indicamos a ferramenta e a pirâmide, respectivamente, nas posições *com* $\Delta = +2$ e $\Delta = -2$. Em homenagem ao grupo de IC[25] acrescentamos suas três soluções do problema, onde duas delas só diferem pela troca de posição de duas peças.

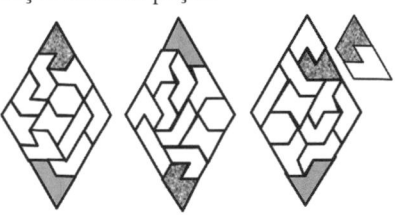

HEXÁGONO REGULAR

No mesmo artigo os dois autores apresentaram *uma* solução para a construção de um hexágono regular com hexiamondes. Cumpre-nos, no entanto, esclarecer, para que se utilize o máximo de hexiamondes distintos, que o seu lado precisa ter três unidades e teremos o máximo de nove hexiamondes na construção do hexágono regular que é balanceado.

Notamos que a solução proposta pelos autores tem de fato nove hexiamondes, e empregaram justamente a pirâmide (com $\Delta = +2$) e a ferramenta (com $\Delta = -2$)

---

[25] Grupo de Iniciação Científica (Instituto Municipal de Ensino Superior de Catanduva): Camila Bizari, André Marchesini, Rodrigo Domingues e Ricardo Silva.

obtendo um total balanceado conforme a primeira figura seguinte, mas também nada mencionaram a respeito.

Oferecemos aos nossos leitores *mais duas* soluções com outras peças; a primeira ainda empregando a pirâmide e a ferramenta com desequilíbrios trocados, e a segunda sem utilizarmos as peças não balanceadas.

E – CONSTRUINDO POLÍGONOS USUAIS

ATIVIDADES COM TETRIAMONDES

Atividade 1

Construir um paralelogramo 4 x 4 com tetriamondes iguais

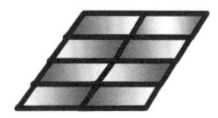

8 paralelogramos   8 triangulões

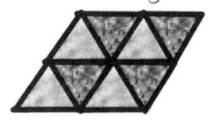

Atividade 2

Construir um paralelogramo 4 x 4 (losango) usando tetriamondes de escolha livre, com repetição permitida.

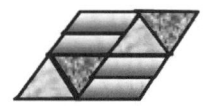

Atividade 3

Construir um paralelogramo 4 x 5 empregando só tetriamondes de escolha livre, com repetição permitida.

Atividade 4

Construir um paralelogramo 4 x 6 utilizando só tetriamondes de escolha livre, com repetição permitida.

Atividade 5

Construir um trapézio (isósceles) utilizando tetriamondes:

a) paralelogramo e triangulão.

b) tortinho e triangulão.

Atividade 6

Construir um triangulo empregando:

a) triangulão e tortinho.

b) os três tipos de tetriamondes.

ATIVIDADES COM HEXIAMONDES

Atividade 1

Construir paralelogramos 2 x 3 com hexiamondes.

Atividade 2

Construir paralelogramos 3 x 4 usando:

a) morcego + ferramenta + pirâmide + cortador.

b) SP + minhoca + pirâmide + ferramenta.

Atividade 3

Construir paralelogramos 3 x 5 empregando:

a) hexágono + borboleta + ferramenta + minhoca + pirâmide.

b) hexiamondes diferentes de escolha livre.

c) 2 pirâmides + revólver + hexágono +minhoca.

Soluções: a)   b)   c)

Atividade 4

Construir paralelogramos 3 x 6:

a) com todas peças diferentes

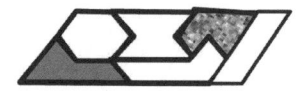

b) com duas pirâmides.

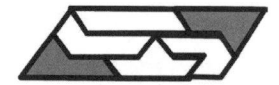

Atividade 5

Construir paralelogramos 3 x 7 com todas peças diferentes.

Soluções:

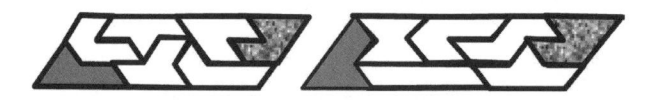

Atividade 6

Construir paralelogramos 3 x 8 com todas peças desiguais.

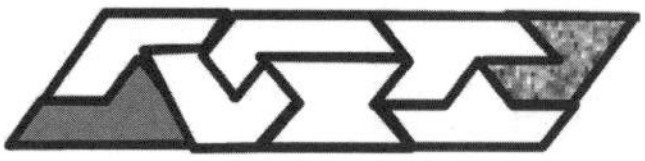

Nota: Lembrar que a primeira solução de E.2.5 pode fornecer outra solução para E.2.6, mas a segunda não.

Atividade 7

Paralelogramo 3 x 9 usando:

a) hexiamondes desiguais de livre escolha.

b) pirâmide + barra + borboleta + revólver + cortador + SP + anzol+ ferramenta + minhoca.

Atividade 8

Paralelogramo 3 x 10 usando hexiamondes desiguais de livre escolha.

Atividade 9

Paralelogramo 3 x 11 utilizando hexiamondes desiguais de livre escolha.

Nota: As duas soluções não empregam a peça morcego.

Atividade 10

E o problema maior 3 x 12?

Infelizmente, por enquanto, só o conseguimos repetindo uma das peças.

Existiria solução com as 12 peças desiguais?

Atividade 11

Construir paralelogramos 4 x 6 com os hexiamondes:

a) borboleta + barra + minhoca + anzol + pirâmide + ferramenta + hexágono + pirâmide.

b) barquinho + hexágono + revólver + minhoca + pirâmide + ferramenta + SP + barra.

Atividade 12

Paralelogramo 4 x 9 – problema maior:

Usar todos os 12 hexiamondes diferentes.

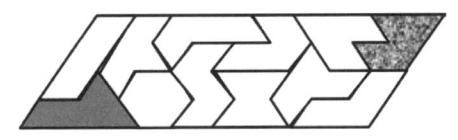

Atividade 13

Construir hexágonos regulares de lado 2 usando:

a) 2 ferramentas + 2 cortadores.

b) 2 pirâmides + 2 morcegos.

c) 4 peças desiguais.

Atividade 14

Construir um hexágono regular de lado 2 utilizando hexiamondes 3 morcegos + hexágono.

Atividade 15

Construir hexágonos regulares de lado 2 usando quatro peças hexiamondes desiguais (sem pirâmide e ferramenta).

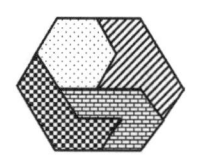

Atividade 16

Construir um hexágono regular de lado 3 unidades empregando hexiamondes desiguais com escolha livre.

Nota: Sendo permitida repetição de uma ou duas peças a construção é fácil.

Atividade 17

Construir um hexágono irregular, de lados opostos paralelos conforme ilustramos, respectivamente, com 2, 5, 2, 2, 5 e 2 unidades, usando hexiamondes desiguais.

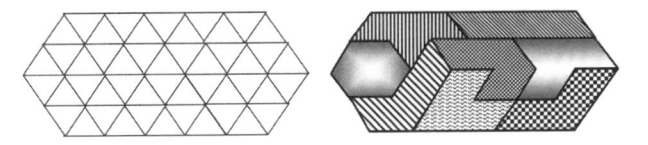

Atividade 18

Construir um hexágono irregular, de lados opostos paralelos e lados com 2, 8, 2, 2, 8 e 2 unidades, usando *hexiamondes desiguais*.

Verifica-se que a figura tem T = 72 células triangulares, portanto precisa ser construída com 12 hexiamondes. Segue que temos novo **problema maior**, já que usaremos todos tipos de hexiamondes.

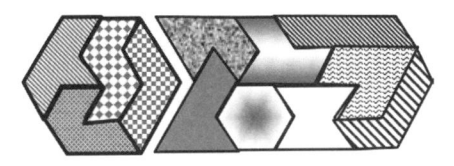

Observações:

1. Observar que em nossa solução separamos quatro peças compondo um hexágono regular.

2. Como a figura é balanceada, então usamos a ferramenta e a pirâmide com desequilíbrios opostos.

Atividade 19

Construção de uma forma hexagonal equilátera denteada[26] de lado unitário, conforme indicamos na figura dada abaixo, com hexiamondes:

a) iguais.

b) 6 tipo revólver + hexágono.

c) 6 tipo minhoca + hexágono.

d) 3 tipo morcego + 3 tipo borboleta + hexágono.

---

[26] Encontramos essa forma em MARTIN (1991), porém construída com seis heptiamondes.

e) de escolha livre.

f) desiguais. (*Problema Maior*)

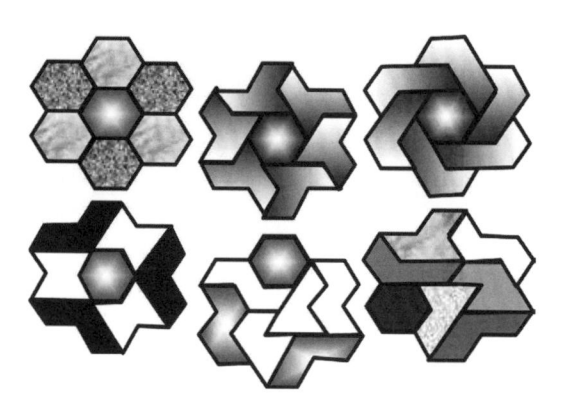

CAPÍTULO 7
POLIHEXES

A – INTRODUÇÃO

Até o dia 29/09/06, nossa previsão não era de desenvolver um capítulo sobre os polihexes, mesmo porque nossa intenção era apenas mencioná-los, já que o seu desenvolvimento, pelo que nos constava na data, era apenas incipiente e talvez virgem (BARBOSA, 2006, p. 29).

Contudo, no dia 30/09/06, resolvemos gastar algum tempo disponível na busca de algumas atividades educacionais relativas. Felizmente obtivemos êxito em várias delas, quer na criação, quer na solução, o que nos conduziu a dedicarmos o dia seguinte (dia de eleição no Brasil) a essa tarefa. O resultado foi significativo; em consequência, este capítulo foi aberto com todas as atividades criadas e resolvidas.

B – CONCEITOS E CONTAGEM

Os polihexes constituem uma extensão plana dos poliminós. Eles são gerados pela conexão, pelo menos por um lado, de hexágonos regulares congruentes.

Analogamente aos poliminós e aos poliamondes, os tipos são nomeados conforme o número de células hexagonais. Existem, assim, um só *bi-hex* (dois hexágonos), três *tri-hexes* (três hexágonos), sete *tetra-hexes* (quatro hexágonos), 22 *penta-hexes* (cinco hexágonos), *hexa-hexes*, *hepta-hexes*, etc. Um só hexágono é chamado *mono-hex* ou simplesmente *hex*.

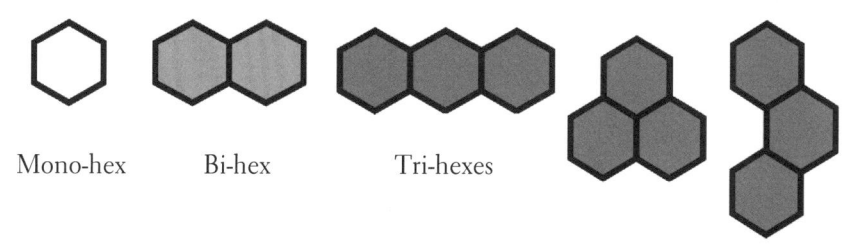

Tetra-hexes

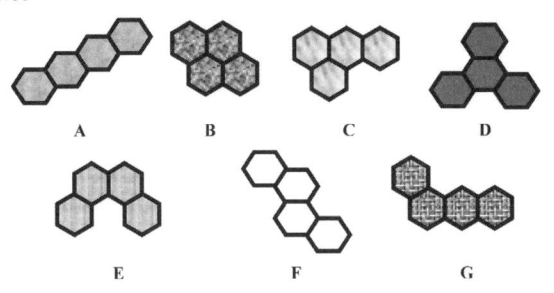

A   B   C   D

E   F   G

C - ATIVIDADES EDUCACIONAIS

CONSTRUÇÃO DE FORMAS – PARALELOGRÂMICAS

Vamos realizar, só com peças tetra-hexes indicadas, a construção de paralelogramos 4 x N, em que 4 é o número de células hexagonais correspondendo aparentemente a um dos lados de um paralelogramo e N é o número de células correspondendo ao outro lado.

Atividade 1

Construir com as peças B + C + G a forma 4 x 3 paralelogrâmica.

Soluções:

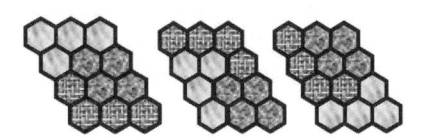

Nota: A descoberta de soluções diferentes deve ser incentivada.

Atividade 2

Construir a mesma forma 4 x 3, mas empregando as peças B + C + E.

Atividade 3

Construir a forma 4 x 4 (losango) utilizando as peças A + B + C + G.

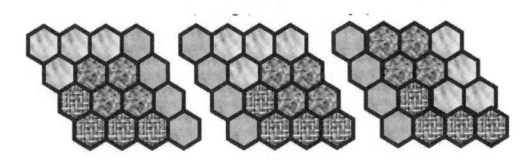

Nota: Observar que as soluções foram obtidas da At.1 anexando a peça A.

Atividade 4

Construir a forma paralelogramo 4 x 4 (losango) usando A + B + C + E.

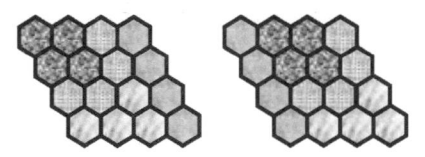

NOTA: Observar que as soluções diferem apenas pelo posicionamento de A.

Atividade 5

Construir a forma paralelogrâmica 4 x 5 utilizando só tetra-hex diferentes.

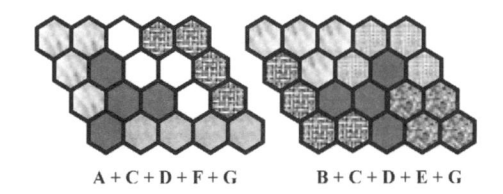

A + C + D + F + G   B + C + D + E + G

Atividade 6

Construir com 6 tipos de tetra-hexes a forma 4 x 6.

A + B + C + D + E + G

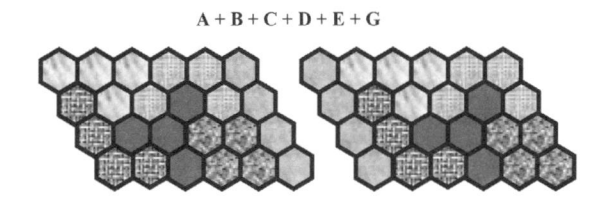

Atividade 7

Construir a forma paralelogramo 4 x 7 empregando todos os tipos de tetra-hexes (**problema maior**).

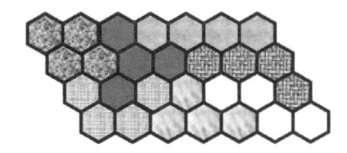

Existiriam outras soluções para o problema maior?

FORMAS TRAPEZOIDAIS ISÓSCELES

Atividade 1

Construir a forma trapezoidal isósceles, dada ao lado, com três tetra-hexes distintos.

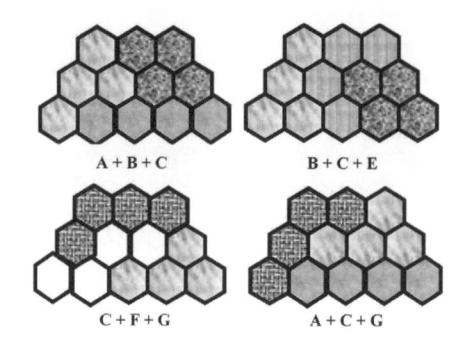

A + B + C   B + C + E

C + F + G   A + C + G

Atividade 2

Construir a forma trapezoidal isósceles dada a seguir, usando tetra-hexes diferentes.

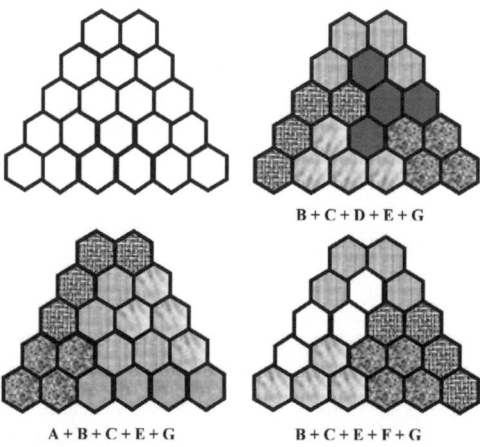

B + C + D + E + G

A + B + C + E + G   B + C + E + F + G

FORMA IRREGULAR SIMÉTRICA

Construir a forma irregular simétrica dada a seguir, usando só tetra-hexes diferentes.

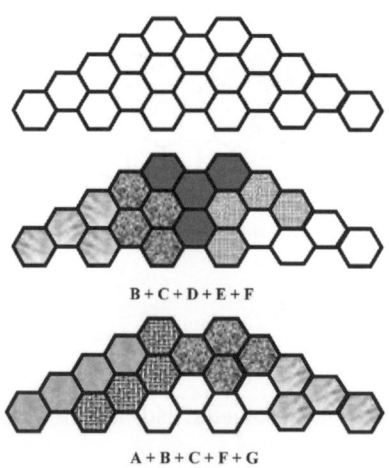

B + C + D + E + F

A + B + C + F + G

NOTA:

A construção de forma triangular equilátera com tetra-hexes só é exequível no caso de o lado conter um múltiplo de sete células hexagonais. Essa afirmação baseia-se no fato de que só com esse número de linhas numa forma triangular equilátera teremos um múltiplo de 4.
Coincidentemente corresponderia ao Problema Maior de construção com todos tipos de tetra-hexes.

EXISTÊNCIA DE UM NOVO MEMBRO DA FAMÍLIA–P

Desconhecemos e obviamente não previmos um capítulo para um novo membro da Família–P de materiais pedagógicos.

Entretanto, ao terminarmos este capítulo 7, imaginamos peças construídas com células *losangulares* (rombos). Talvez venham fornecer um material adequado para diversas atividades educacionais. No caso de elas não serem interessantes, pelo menos a descoberta de todos tipos para uma dada classe já seria uma conquista positiva.

Permitimo-nos então inserir alguns elementos que vislumbramos, deixando a missão de seu desenvolvimento completo aos colegas professores, aos mestrandos e, principalmente, aos licenciandos em matemática em projetos de iniciação científica.

Conceituando:

"Polirrombos" são figuras planas geradas pela conexão, pelo menos por um lado, de losangos (rombos) congruentes.

As classes dos polirrombos seriam formadas por essas figuras com o mesmo número de células losangulares. Assim teríamos as classes dos *birrombos*, *trirrombos*, *tetrarrombos*, etc. Vejamos alguns *trirrombos* (fundamentalmente hexiamondes, mas nem todo hexiamonde seria um trirombo).

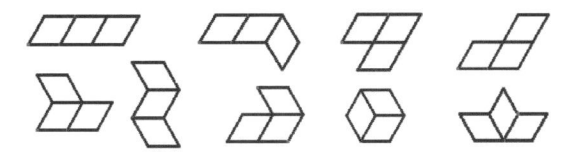

Existiriam outros trirrombos?

Dependerá dos ângulos formados pelos lados da célula losango. Assim, todos trirrombos dados acima possuem as células com um ângulo de 60°. Podemos fazê-los com um ângulo de 45°.

Teremos alguma figura *parecida*, como é o caso da *sexta*. Porém, com a *oitava* será *impossível*, e a *nona* dará origem a um *tetrarrombo* conforme indicamos.

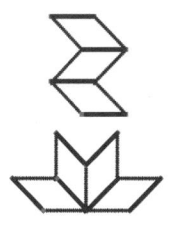

Segue a necessidade de se estudarem polirrombos com células de 30° (alongadas), de 45° e de 60°.

Sugerimos a leitura de um nosso trabalho relativo ao tema:

BARBOSA, R. M. Sobre um especial tetriamonde e sua aplicação como material pedagógico. *Revista Ciência e Tecnologia*, UNISAL, n.15, 2006, p. 81-88.

Neste artigo trabalhamos com o tetriamonde "tortinho", correspondente ao "birrombo-60°". Oferecemos algumas das construções desse trabalho.

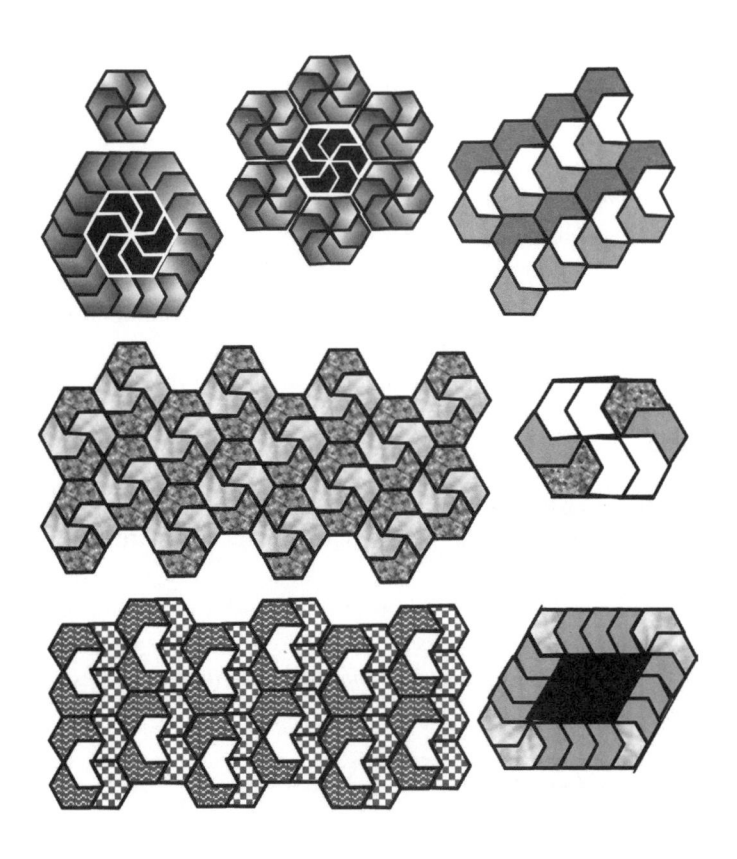

CAPÍTULO 8
POLICUBOS

A – INTRODUÇÃO

Sendo os poliminós constituídos de figuras planas, geradas pela conexão de quadrados, então é natural que sua extensão espacial, os policubos, seja gerada pela conexão de cubos. Em consequência os cubos componentes têm a mesma medida das arestas e são conectados pelo menos por uma das faces.

A classificação dos policubos se faz analogamente aos poliminós, poliamondes e polihexes. É baseada no número de cubos que os constituem: *bicubos, tricubos, tetracubos*, etc., respectivamente, com 2, 3, 4 cubos, etc. Em particular, um só cubo chamamos de *monocubo*.

B – LISTAGEM E CONTAGEM

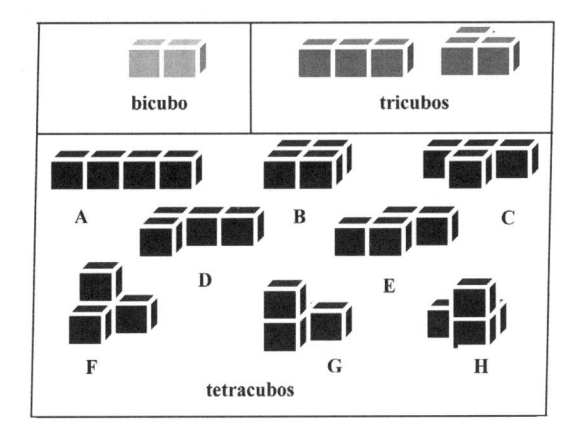

No quadro anterior **listamos** o **único** bicubo, os **dois** tricubos, reto e não reto, e os **oito** tetracubos que indicaremos por A, B, C, D, E, F, G e H. Os tetracubos G e H parecem idênticos, mas são enantiomorfos (formas opostas por simetria reflexional).

Pode-se classificar os policubos pelas suas alturas:

a) altura 1:

- monocubo, bicubo e tricubos;
- os cinco primeiros tetracubos (A, B, C, D e E).

b) altura 2:

- os três últimos tetracubos (F, G e H).

Os de altura 1 apresentam a mesma forma dos poliminós, possuíndo apenas a constituição de um sólido geométrico.

Posteriormente veremos que existem 29 pentacubos, dos quais 12 possuem altura 1, correspondentes aos 12 poliminós, e constituem os *poliminós sólidos* ou *pentacubos planares*.

NOTA: É adequado deixar a descoberta dos tipos de policubos a cargo dos alunos em atividades.

C – GÊNESE

Gardner (1961) conta-nos que Theodore Katsanis, de Seattle, propôs, por carta, em dezembro de 1957, um jogo de preenchimento de uma caixa 2 x 4 x 4 por um conjunto de peças, às quais chamava de *"quadracubes"*. Analogamente sugeria o nome *"pentacubes"* para uma situação problema de triplicação.

D – PREENCHIMENTO DE CAIXAS

São bastante motivadores os problemas de preenchimento com policubos de caixas com face superior aberta, os quais podem ser substituídos pelos seus equivalentes de construção de paralelepípedos retos retangulares com os mesmos policubos. Assim, o problema de *preenchimento de caixa aberta* 2 x 2 x 4 com os tetracubos A + B + D + H pode ser trocado pelo seu equivalente: *construção de paralelepípedo* 2 x 2 x 4 com os mesmos tetracubos.

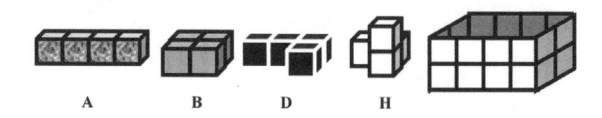

A solução desse problema é simples:

Colocamos inicialmente a peça D ao lado da peça A, mas com um cubo componente para cima.

Depois posicionamos o tetracubo H com um cubo para baixo no vão do canto.

Finalmente com a peça B completamos o paralelepípedo (ou preenchemos a caixa).

Ótimo! Os colegas ou seus alunos poderão realizar outros preenchimentos de caixas ou construções de paralelepípedos com policubos, mas, se desejarem anotar suas soluções, talvez tenham alguma dificuldade. No futuro, ao aumentar o número de peças, crescerá a dificuldade. É óbvio que para as séries iniciais o problema não aparecerá, pois trabalharão com poucas peças.

[(A + D) + H] + B

Todavia, pode-se empregar uma *codificação* que não necessite do emprego de desenhos em perspectiva.

Vejamos suas regras empregando a solução do problema anterior.

E – CODIFICAÇÃO

Regra 1

Desenham-se retângulos iguais, um para o primeiro nível (inferior) e outro para o segundo nível (superior), e assim sucessivamente, conforme a altura da caixa.

Nível 1 ou inferior   Nível 2 ou superior

Regra 2

Desenham-se no interior de cada retângulo os policubos colocados nesse nível conforme os procedimentos:

a) Com seu interior em branco, sem divisórias, se o policubo ocupa só esse nível;

b) Com seu interior em branco, sem divisórias, na parte do policubo correspondente ao nível, se no outro nível não tem cubo componente; ou então com um pequeno círculo em cada quadrícula que o policubo tem cubo componente no outro nível.

Observações:

Existindo um círculo numa quadrícula de um nível, então na quadrícula correspondente de outro nível também existirá círculo.

Sugerimos que, na prática inicial das codificações, é útil acrescentar nos diversos níveis as letras indicativas dos policubos empregados nas respectivas regiões. Aliás, essa prática facilita também a interpretação (leitura) do código, requisito indispensável ao professor na verificação das soluções dos alunos. Nesse caso, os alunos buscarão a solução com policubos de madeira[27] e apresentarão a solução codificada em papel de pontos quadriculado.

---

[27] Sugerimos cubos grandes (aresta ≥ 4 cm).

Fornecemos a seguir a solução codificada do preenchimento da caixa 2 x 2 x 4 com os tetracubos A, D, E e G.

Nível 1   Nível 2

F – ATIVIDADES INICIAIS

Além de atividades de descoberta de todos tipos de policubos é interessante o emprego de atividades de sucessões quando a partir de um tetracubo obter sucessivamente todos os outros 7, *deslocando* apenas um dos cubos componentes em cada transição[28].

Preferimos oferecer um número maior de atividades de construção de paralelepípedos, desde que possibilitam explorações de volume. Assim, na atividade a seguir tem-se volume de 12 cubos (de 2 . 2 . 3 = 12), e portanto pode-se tentar a construção de um paralelepípedo com três tetracubos (de 12 : 4).

G - TRABALHANDO COM TETRACUBOS

Atividade 1

Construir paralelepípedos retos retangulares 2 x 2 x 3 usando os tetracubos:

a) D + G + H   b) C + F + H   c) B + D + H   d) C + F + G   e) B + D + G

Soluções:

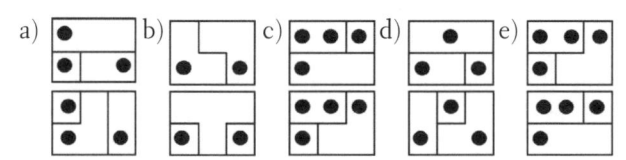

Atividade 2

Construir um paralelepípedo reto retangular 2 x 2 x 5 empregando:

a) A + B + D + E + G   b) A + B + D + E + H   c) B + C + E + F + G

Soluções:

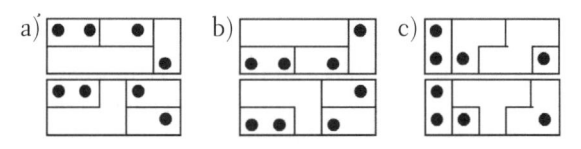

Sugestão: Que tal construir com B + C + E + F + H e codificar ?!

---

[28] Não é recomendável essa última atividade para pentacubos, já que existe um número grande de pentacubos (29).

Atividade 3

Construir um paralelepípedo reto retangular 2 x 2 x 6 utilizando:

a) A + B + C + D + E + F b) B + C + D + E + F +H c) A + C + E + F + G + H

Soluções:

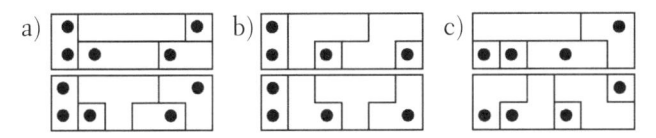

Sugestão: Seria interessante descobrir outras soluções, pelo menos para a).

Atividade 4

Construir um paralelepípedo reto retangular 2 x 2 x 7 usando os tetracubos A + B + C + E + F + G + H

Solução:

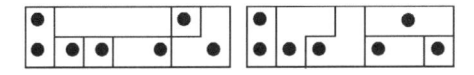

Atividade 5

Construir o paralelepípedo reto retangular 2 x 2 x 8 com *todos tipos de tetracubos* – **um problema maior**.

Soluções: Daremos duas soluções: a primeira usando a construção do 2 x 2 x 5 (com A + B + D + E + G) conectada com a do 2 x 2 x 3 (com os três tetracubos não usados C + F + H), a segunda utilizando duas construções para o 2 x 2 x 4 (A + B + D + G e C + E + F + H).

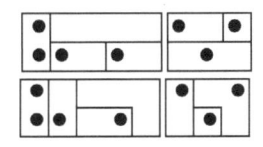

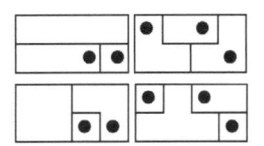

Atividade 6

Construir o paralelepípedo reto retangular 2 x 3 x 4 usando os tetracubos:

a) A + B + D + E + G + H   b) A + B + C + F + G +H
c) A + B + C + E + F + G   d) B + C + D + E + F + H.

Soluções:

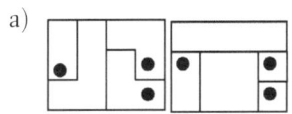

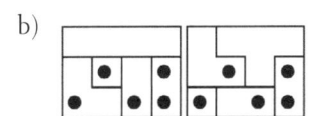

Sugestão: Descobrir soluções para c) e d) e, quem sabe, encontrar outras soluções para a) e b)?

Atividade 7

Descobrir uma solução para o paralelepípedo 2 x 3 x 4 com tetracubos diferentes, mas sem o emprego das peças A e B que facilitam muito.

Solução:

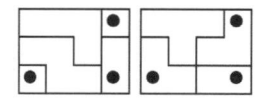

Atividade 8

Construir uma caixa 2 x 4 x 4 com tetracubos diferentes.

Esta é uma *atividade especial*, já que 2 . 4 . 4 = 32. Então precisaremos empregar todos os oito tipos de tetracubos. Em consequência é um **novo problema maior**. Além desse fato que o torna especial, nós o usaremos para realizar algumas investigações.

Solução 1:   Inferior   Superior

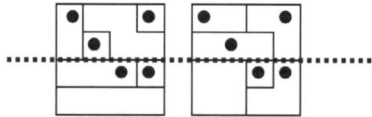

Explorando: A solução é composta de dois blocos 2 x 2 x 4. O da frente (bloco 1) é formado com o conjunto A + B + D + H, e o de trás (bloco 2), com C + E + F + G.

Ora, se rebatermos (deitarmos) o bloco 1 para a frente e juntarmos novamente ao bloco 2, obteremos uma segunda solução.

Solução 2:   Inferior   Superior

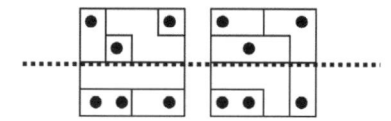

Notas: E se rebatermos o bloco 2 para trás, juntando-o em seguida ao bloco 1? Será que obteremos outra solução?

Uma outra investigação poderá ser realizada girando o bloco 1 de 180°, deixando-o junto ao bloco 2. E agora? Teremos uma nova solução?

E usando o paralelepípedo da solução 2 e rebatendo o bloco 1 para frente e encostando de novo no bloco 2. Teremos outra solução?

> Não esqueça que dois paralelepípedos são idênticos por simetria se um deles se transforma no outro por reflexão em relação a algum plano ou por rotação ao redor de algum eixo.

H – PREENCHIMENTOS DE CAIXAS COM TETRACUBOS + ...

Atividade 1

Preencher uma caixa 2 x 3 x 3 com tetracubos(?!!!).

Como o volume da caixa é de 18 cubos, ela não pode ser preenchida só com tetracubos. Contudo, podemos empregar quatro tetracubos e um bicubo.

a) B + C + F + H + bicubo b) D + E + G + H + bicubo c) C + E + F + G + bicubo,
d) C + E + F + H + bicubo e) B + C + E + F + bicubo f) B + D + E + G + bicubo.

Soluções:

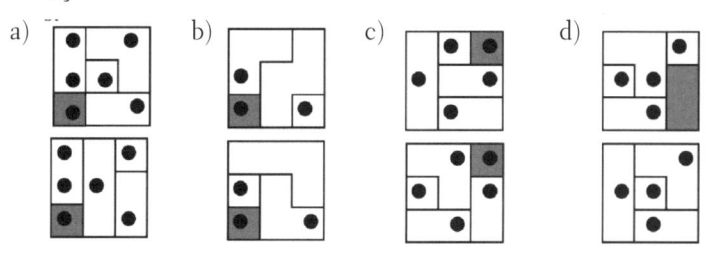

a) b) c) d)

Sugestão: Descobrir soluções de e) e f) .

Atividade 2

Preencher uma caixa 3 x 3 x 3 com tetracubos(?!!!)

Novamente, o volume dessa caixa não possibilita seu preenchimento só com tetracubos, já que 27 não é múliplo de 4. Usando seis tetracubos, ocupamos o espaço de 24 cubos e sobra o de 3 cubos. Portanto este espaço poderá ser, talvez, preenchido com um tricubo. Esse fato leva a dois tipos de atividades conforme o tricubo a ser empregado (reto ou não reto). Alternativas são aquelas de se utilizarem três monocubos, ou então 1 bicubo + 1 monocubo.

Soluções:

a) B + C + E + F + G + H b) B + C + D + E + F + G c) B + C + D + E + G + H
    + tricubo reto   **+ tricubo reto**   **+ tricubo não reto.**

inferior

intermediário

superior

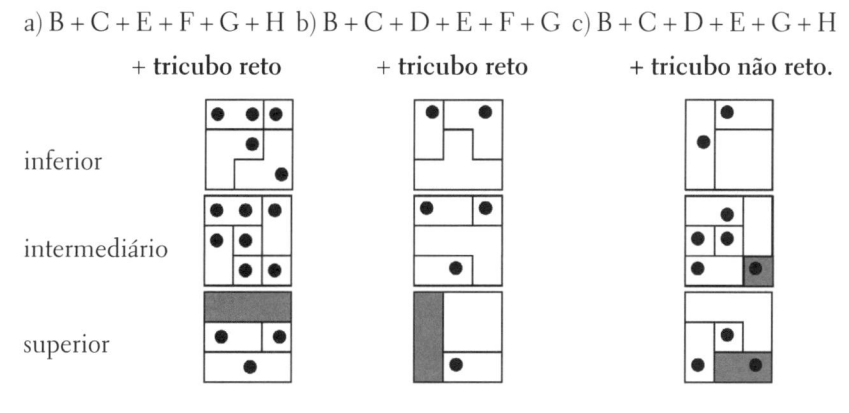

d) B + D + E + F + G + H + **tricubo não reto**

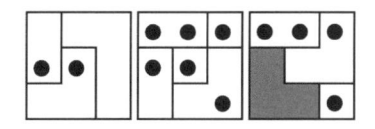

·125·

e) C + D + E + F + G + H + **3 monocubos**

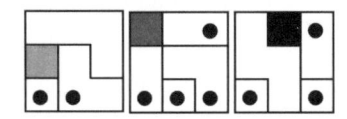

Sugestão: Descobrir outras soluções e fornecer suas codificações.

E se deixássemos um FURO CENTRAL na caixa?
Ora, é só retirar o tricubo reto!

Que pena! Nenhuma solução anterior forneceria furo central.

Solução: B + C + D + F + G + H.... + **vazado central.**

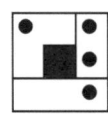

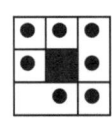

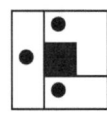

Sugestão: Será que existe outra solução?

Atividade 3

Construir uma caixa cúbica 4 x 4 x 4 com tetracubos.

Curioso. Agora o volume da caixa é de 64 cubos, então podemos tentar usar **dois conjuntos completos dos oito tetracubos.**

Solução:

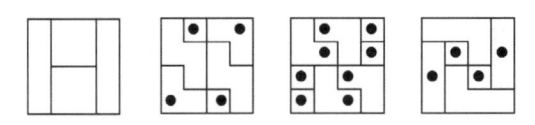

Sugestão: Tentar descobrir mais alguma solução.

I – CONSTRUÇÕES COM O CONJUNTO "SOMA"

Entre os tetracubos dois deles, o A e o B, e entre os tricubos, o reto, são peças com forma convexa [29]

Estudaremos a seguir um conjunto constituído de seis peças tetracubos e uma tricubo, **todas côncavas,**[30] nomeado por Piet Hein (seu criador) de *"Soma Cubes"*.

---

[29] Sem reentrâncias ou saliências (em linguagem simples e elementar).

[30] Não convexas.

Daqui para frente, chamaremos essa coleção de peças de *Conjunto Soma* ou simplesmente *Soma*.

Em consequência, o Conjunto Soma é composto das peças:

C + D+ E + F + G + H + tricubo não reto

GÊNESIS

O dinamarquês Piet Hein (1905-1996), de pseudônimo Kumbel, concebeu seu interessante e fascinante *"Soma Cubes"* ao assistir a uma conferência do germânico Werner Heisenberg sobre física quântica, na qual este falava de um espaço cortado em cubos.

De acordo com o professor Ole Skovsmose, da Universidade de Aalborg, Dinamarca, gentilmente, na apresentação de um nosso fascículo (BARBOSA, 2005), nos obsequiou, ao tecer considerações sobre o novo micromundo do *poligênio* Piet Hein:

> "Ele vislumbrou como sua pequena família de policubos poderia compor um cubo. E essa percepção abriu uma enorme variedade de diferentes possibilidades. Piet Hein representa a conexão entre matemática, brincadeira e criatividade."

Atividade

Só trataremos da sua atividade maior de construção de caixas reservando espaço para figuras de formas mais próximas a ambientes humanos.

Construir com o Conjunto Soma uma caixa 3 x 3 x 3.

Essa construção corresponde a usar todas as peças do Soma, já que 3 . 3 . 3 = 27 cubos, o que é igual ao volume dos seis tetracubos côncavos mais o tricubo não reto. É portanto um **problema maior**.

Solução:

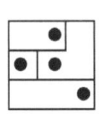

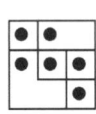

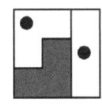

Sugestão: Descobrir outras soluções. (Richard Guy da Universidade Malaya, Cingapura, obteve 230 não contando reflexões e rotações, cremos que sem recursos computacionais, pois não há qualquer referência a essa tecnologia.)

FORMAS DE AMBIENTES HUMANOS[31]

Atividade 1

Construir o Túnel Soma usando todas peças do Conjunto Soma.

---

[31] Dados sem solução em GARDNER, M. The Scientific Puzzles & Diversions. (cap. 6).

Solução: Nossa solução (obtida em 01/02/05, às 19h25) baseia-se na construção de dois blocos, o da esquerda, com D + E + H + tricubo, e o da direita, com C + F + G.

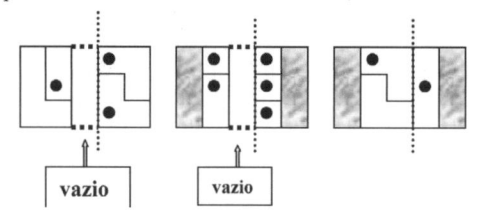

N . 1 → 12 cubos   N . 2 → 6 cubos   N . 3 → 9 cubos

Esclarecimento: Nos níveis 2 e 3 deixamos duas faixas laterais marmorizadas, as quais correspondem ao nível 1 em visual de cima do túnel.

Atividade 2

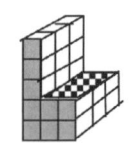

Construir a Cadeira Soma utilizando todas as peças do conjunto.

Solução: (obtida em 02 /11/06, às 11h12)

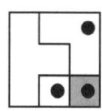

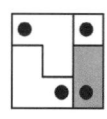

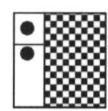

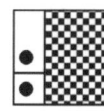

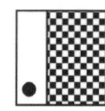

Atividade 3

Construir o Sofá Soma com todas peças do Conjunto Soma.

Solução: (obtida em 01/02/05, às 20h32)

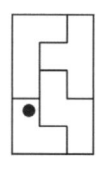

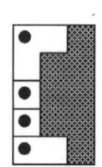

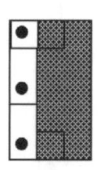

Atividade 4

Construir o Tanque Soma (ou Bebedouro Soma) usando o Soma.

Solução: (obtida em 03/11/06, às 22h48)

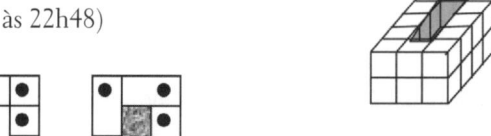

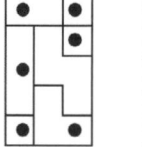

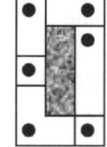

Atividade 5

Construir a Escada Dupla de três degraus utilizando o SOMA.

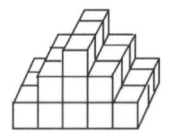

Solução: (obtida em 03/11/06, às 23h36)

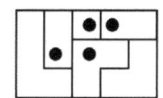

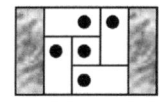

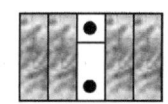

Esclarecimento da codificação: Nos níveis 2 e 3 deixamos respectivamente duas e quatro faixas marmorizadas correspondentes aos níveis inferiores por visual de cima.

Atividade 6

Construir a Parede Denteada Soma de altura 2.

Solução: (obtida em 04/02/05, às 02h46)

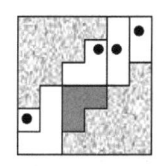

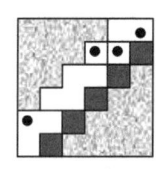

NOTA: Para facilitar a leitura da codificação:

a) No nível 1 deixamos o tricubo em cinza claro;

b) No nível 2 colorimos cinco quadrículas com cinza escuro, já que elas verdadeiramente não são desse nível mas correspondem ao visual de um observador de cima;

c) Nos dois níveis as regiões externas à Parede Denteada estão com um efeito marmorizado.

Atividade 7

Construir a Cruz Soma.

Solução: (obtida em 05/02/05, às 03h21)

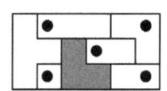

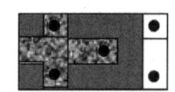

NOTA DE ESCLARECIMENTO DA CODIFICAÇÃO:

a) Novamente deixamos no nível 1 o tricubo em cinza claro;

b) No nível 2 usamos cinza escuro nas regiões que não são desse nível e correspondem ao visual por cima;

c) Na cruz, propriamente do nível 2, utilizamos marmorizado.

Atividade 8:

Construir a Torre Soma.

Solução: (obtida em 05/11/06, às 17h04)

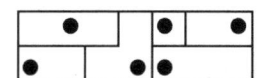

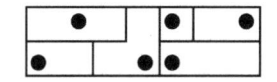

Atividade 9:

Construir a Cama Soma.

Solução: (obtida em 06/11/06, às 15h07)

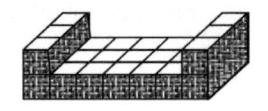

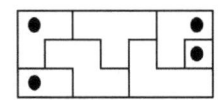

Esclarecimento: No nível 2 (superior) colorimos com cinza escuro um retângulo central que a rigor é do nível 1, mas visto de cima.

Lembrete

Em todas construções anteriores, as figuras de formas relacionadas ao ambiente humano possuem volume de 27 cubos; portanto, igual ao volume 6 . 4 + 3 ocupado pelas peças do Conjunto Soma. Todavia esta igualdade é apenas condição necessária para a construção da figura. Oferecemos ao lado um exemplo que satisfaz a condição necessária, mas que não é suficiente.

É impossível construir essa forma com o Conjunto Soma, ainda que seu volume seja igual a 27 cubos.

J – TRABALHANDO COM PENTACUBOS

LISTAGEM E CONTAGEM

Podemos separar os pentacubos em três espécies:

1) **Pentacubos Planares** ou de altura 1:

Correspondem aos pentaminós, mas com cubos. Portanto em número de **12**.

Eles são também denominados *Pentaminós sólidos*.

2) **Pentacubos** de altura 2:

a) Formas simétricas enantiomorfas - 6 pares;

b) Sem formas simétricas enantiomorfas - 5 pares.

Total de 12 + 12 + 5 = **29 pentacubos**.

Atividades com pentacubos de altura 1

a) É claro que, sendo esses pentacubos correspondentes aos pentaminós, todas as atividades de construção de retângulos (ou eventualmente quadrados) possuem construções análogas de caixas 1 x n x m. Em consequência, cremos que podemos deixar ao leitor a adaptação daquelas dadas no capítulo 5.

b) No entanto, vamos estudar com eles algumas poucas construções de caixas com outras alturas. Reservamos, assim, espaço para cuidarmos um pouco de outras formas.

Atividade 1

Construir uma caixa 2 x 5 x 6 com Pentaminós Sólidos

Solução:

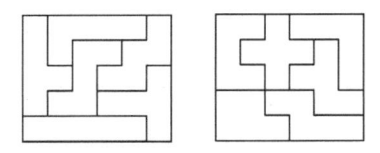

O leitor observará que a solução anterior é composta de duas soluções da caixa 1 x 5 x 6., cada uma com 6 peças

NOTA: Bouwcamp (1999, p. 275-280), da Philips Research Laboratories, Holanda, divulgou que a caixa 2 x 5 x 6 tem 264 soluções obtidas com recursos computacionais.

Nesse mesmo artigo o autor listou as 12 soluções para caixa 2 x 3 x 10, das quais oferecemos uma delas na atividade seguinte.

Atividade 2

Construir uma caixa 2 x 3 x 10 com os Pentaminós Sólidos.

Solução:

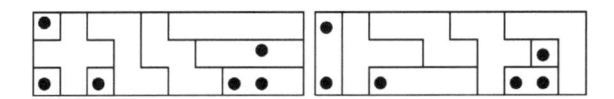

Curiosidade: Bouwcamp indicou a existência de 3.940 soluções para a construção da caixa 3 x 4 x 5 com pentaminós sólidos.

Atividade 3

Construir uma escada de quatro degraus empregando todos pentaminós sólidos.

Lateralmente a escada usa dez cubos.

Como o total de cubos dos pentaminós sólidos é 60, então a largura da escada é de seis cubos (de 60 : 10).

Solução:

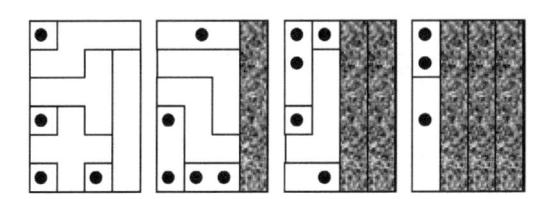

Esclarecimento: Nos níveis 2, 3 e 4 usamos respectivamente uma, duas e três faixas marmorizadas. Elas correspondem ao visual da escada por cima.

Atividade 4

Construir uma caixa vazada 3 x 5 x 5 usando todos os 12 pentaminós sólidos.

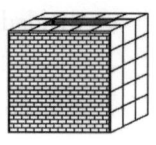

Solução:

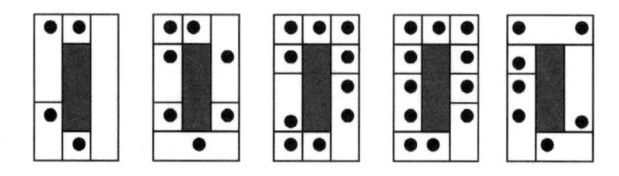

Pentacubos de formas simétricas enantiomorfas

Familiarizemo-nos primeiramente com essas 12 peças agrupadas duas a duas pelas suas formas. Cada um dos seis pares é composto de peças com formas simétricas enantiomorfas (simetrias opostas).

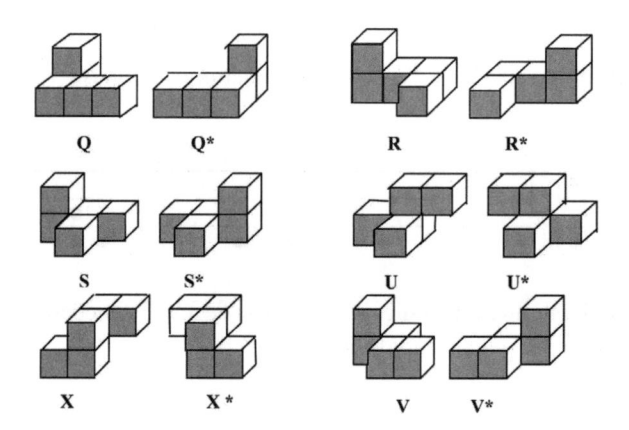

Q   Q*   R   R*
S   S*   U   U*
X   X*   V   V*

A seguir passaremos a algumas atividades que muito nos fascinaram e simultaneamente absorveram nossa investigação.

Atividades encadeadas

Atividade 1

Construir um teclado com o conjunto R + S + U de pentacubos.

Solução:

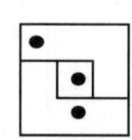

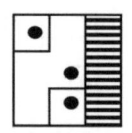

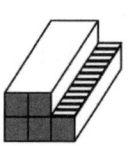

Nota: No nível 2 indicamos com hachuras de um teclado o nível 1.

Inferindo: Cada peça utilizada tem a sua simétrica enantiomorfa. Portanto, é plausível que exista uma construção de outro teclado com essas três peças.

Atividade 2

Construir um teclado com o conjunto R* + S* + U*.

Solução: É óbvio que o novo teclado seja o simétrico do anterior.

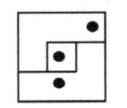

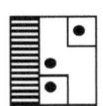

Descobrindo: Sobraram seis peças sendo três pares de simétricas enantiomorfas. Podemos testar três peças das restantes Q, V, X, Q*, V* e X*. Caso consigamos êxito, na construção de um novo teclado com três delas, então tudo se repetirá.

Atividade 3:

Construir um teclado com o conjunto Q* + V + X*.

Solução:

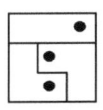

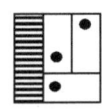

Nota: Agora, fica claro que temos outra solução com as peças simétricas enantiomorfas dessas três.

Atividade 4

Construir um teclado com o conjunto Q + V*+ X.

Solução:

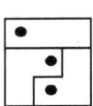

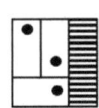

Atividade 5

Construir uma caixa 2 x 3 x 5.

Solução: Basta usar dois "teclados", juntá-los colocando um invertido.

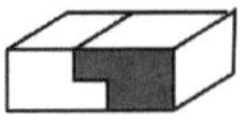

Já que obtivemos quatro teclados, teremos ao todo $C_{4,2} = 4.3/1.2 = 6$ soluções respectivamente com os conjuntos

{R, S, U, R*, S*, U*}   {R, S, U, Q, V, X*}
{R, S, U, Q*, V*, X}   {R*, S*, U*, Q, V, X*}
{R*, S*, U*, Q*, V*, X}   {Q, V, X*, Q*, V*, X}

Atividade 6:

Construir uma caixa 2 x 5 x 6.

Soluções:

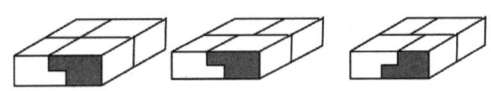

Atividade 7

Construir uma caixa 3 x 4 x 5.

Soluções:

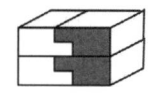

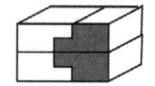

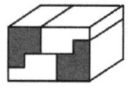

Atividade 8

Construir uma canaleta curta e uma comprida.

Soluções:

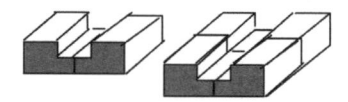

Atividade 9:

Construir um tijolo vazado estreito e um largo.

Soluções:

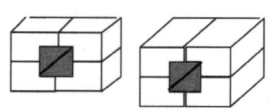

NOTA:

> As investigações e aplicações desses 12 pentacubos foram realizadas na primeira quinzena de novembro de 2006. Com satisfação e fascinado pelas suas relações, nossa previsão é que o tema possibilita novas investigações, por exemplo no que diz respeito a possíveis outras ternas para construções de outros teclados ou outras formas versáteis.

Pentacubos sem formas simétricas enantiomorfas

Inicialmente vamos conhecer esses cinco pentacubos:

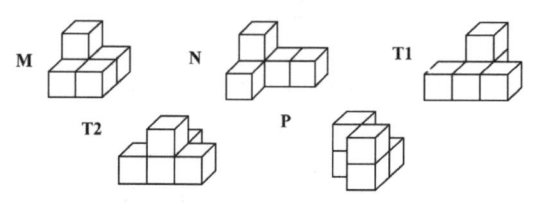

M   N   T1
T2   P

Observando as peças verificamos que:

1) M e P apresentam simetrias por reflexão em relação a um plano diagonal, conforme indicamos nas suas codificações.

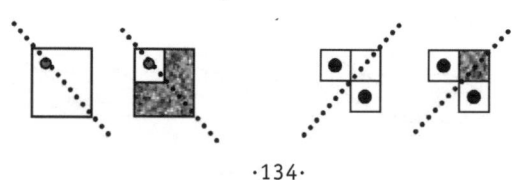

2) T1 e T2 também apresentam um plano de reflexão.

3) A peça N não é simétrica em relação a um plano.

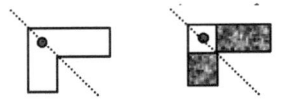

Cuidado! Ela tem aspecto de uma peça que deve ter sua simétrica enantiomorfa. Procuraremos mostrar com dois movimentos que isso não é verdadeiro.

Consideremos a sua peça simétrica N' por reflexão:

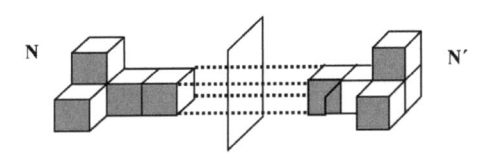

Por enquanto, diríamos que obtivemos a sua simétrica enantiomorfa. Mas, rebatendo (deitando) a refletida para trás e em seguida efetuando uma rotação de 180° sobre o plano horizontal, voltamos à peça N, portanto temos:

N' simétrica de N = N

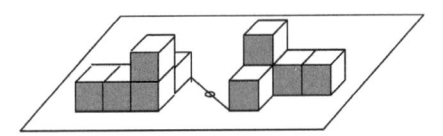

Conclusão: A peça N não tem a sua forma simétrica enantiomorfa.

NOTA

A variedade dos pentacubos, que são 29, possibilita a sua descoberta bastante adequada para trabalhos dos alunos em grupo, bem como a própria classificação nas três espécies.

O leitor poderá organizar outras construções. As dificuldades serão facilmente superadas trabalhando simultaneamente com esses cinco pentacubos e os 12 pentaminós sólidos.

TERCEIRA PARTE

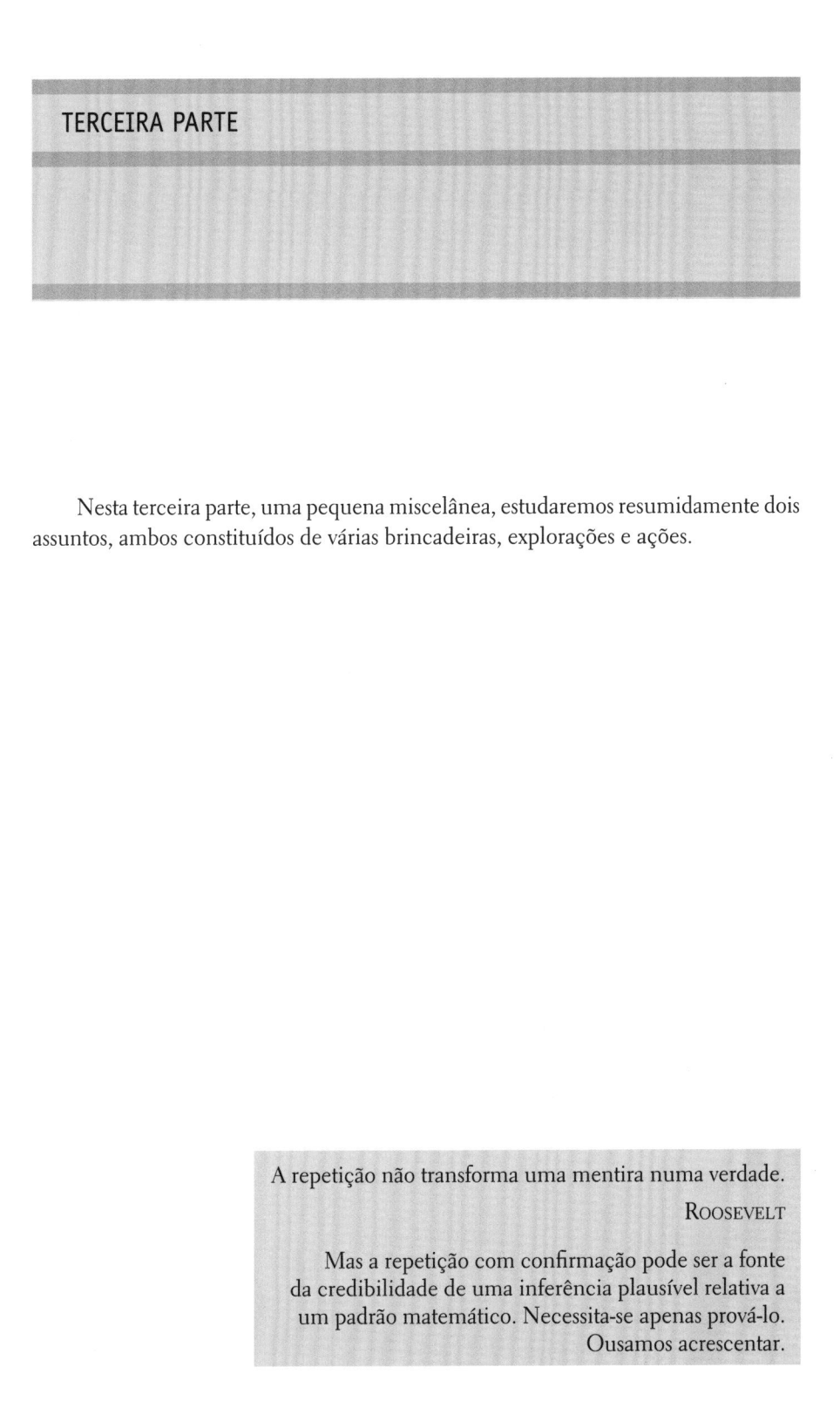

Nesta terceira parte, uma pequena miscelânea, estudaremos resumidamente dois assuntos, ambos constituídos de várias brincadeiras, explorações e ações.

> A repetição não transforma uma mentira numa verdade.
> ROOSEVELT
>
> Mas a repetição com confirmação pode ser a fonte da credibilidade de uma inferência plausível relativa a um padrão matemático. Necessita-se apenas prová-lo. Ousamos acrescentar.

CAPÍTULO 9
DOBRANDO TIRAS

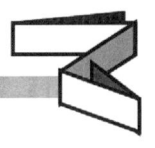

A – INTRODUÇÃO

GÊNESE HISTÓRICA E COMENTÁRIOS

Gardner (1963a, b) em sua seção "Mathematical Games", no *Scientific American*, trata de dobraduras de estampas (*stamps*, *fold*) como um problema recreativo; contudo no seu livro de 1983 (cap. III) trata melhor do assunto fazendo alguns comentários históricos, quando aponta, por indicação de Victor Mealy, que a primeira análise relativa aparece em Sainte-Lagué (1937). Entretanto, temos encontrado estudos correspondentes em Sainte-Lagué (1926), citando que o problema já aparece em Lucas (1891).

Historicamente, o problema parece ter surgido com a denominação "timbres-poste" (selos do correio), o que nos parece natural visto que os selos eram em geral adquiridos em tiras.

MATERIAL

Conjuntos de retângulos congruentes, com medidas de aproximadamente 10 cm x 6 cm, sendo um para cada aluno ou grupo de alunos, preferencialmente coloridos, e necessariamente numerados nas duas faces:

a) 4 de uma cor "A" – numerados com "1"

b) 4 de uma cor "B" – numerados com "2"

c) 4 de uma cor "C" – numerados com "3"

d) 3 de uma cor "D" – numerados com "4"

e) 2 de uma cor "E" – numerados com "5"

f) 1 de uma cor "F" – numerado com "6"

Sugerimos empregar papel cartão 10 cm x 5 cm.

Com fita adesiva formar tiras de retângulos na ordem numérica, deixando um pequeno espaço entre cada dois retângulos consecutivos para permitir dobras:

1	2	3			
1	2	3	4		
1	2	3	4	5	
1	2	3	4	5	6

B - DOBRANDO TIRAS

APRENDENDO

Ilustração

Considerar uma tira, por exemplo, de comprimento 4.

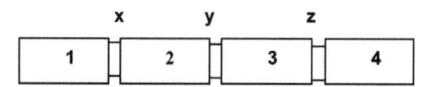

      x   y   z

1	2	3	4

Dobre-a na junção z, colocando o n. 4 atrás do n. 3.

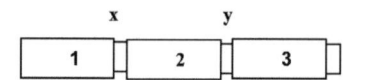

      x   y

1	2	3

Efetuar na junção x a dobra do n. 1 para frente do n. 2.

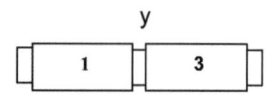

      y

1	3

Finalmente, dobrar na junção y colocando o conjunto 1-2 atrás do conjunto 3-4.

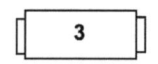

3

O resultado obtido é a dobradura na ordem 3421, ou simplesmente Dobradura 3421.

Entretanto, virando o conjunto obtido, portanto colocando o 1, na frente, tem-se a dobradura 1243, que é chamada dobradura invertida da dobradura 3421; a sua ordem, inversa da ordem 3421, é obtida quando se faz uma leitura de trás para frente. É óbvio que a primeira é também a invertida da segunda, sendo, então, correto usarmos a denominação no plural: dobraduras invertidas.

ATIVIDADES DE APRENDIZAGEM

A questão que se coloca, de natureza recreativa e motivadora, é a obtenção de dobraduras para tiras de um dado comprimento, fixadas as ordenações. Porém, é importante uma prática inicial com uma tira de pequeno comprimento como é o caso daquela de comprimento 3, que só possui 3! = 3 . 2 . 1= 6 ordens. Sugerimos, em sala de aula, conforme obtidas as dobraduras, que sejam anotadas no quadro:

	(1) 1 2 3	(2) 3 1 2	(3) 2 3 1
invertidas:	(4) 3 2 1	(5) 2 1 3	(6) 1 3 2

É interessante discutir com os alunos a noção de dobraduras invertidas que reduz o trabalho para apenas três obtenções de dobraduras.

C - TRABALHANDO COM TIRAS DE COMPRIMENTO 4

Agora que os educandos já estão com certa prática, podemos passar às atividades com tiras de comprimento 4 e depois às de comprimento 5 e 6, que exigem um pouco mais de raciocínio.

DUAS ATIVIDADES

Atividade 1

Descobrir dobraduras de tiras de comprimento 4.

NOTA: Da mesma maneira que nas atividades de aprendizagem, é conveniente indicar as dobraduras obtidas no quadro, inclusive as respectivas invertidas. É importante que o aluno ou o grupo que obtenha uma nova dobradura mostre, na frente da classe, como a obteve. Na hipótese de não serem obtidas 16 dobraduras (a seguir relacionadas), após um tempo considerado suficiente, é conveniente ao professor passar à atividade seguinte.

```
1 2 3 4   2 3 4 1   3 4 2 1   1 3 4 2   4 1 2 3   2 1 3 4   4 2 1 3   2 1 4 3
4 3 2 1   1 4 3 2   1 2 4 3   2 4 3 1   3 2 1 4   4 3 1 2   3 1 2 4   3 4 1 2
```

Atividade 2

Descobrir se existem as dobraduras 1 3 2 4 ou 4 2 3 1.

NOTA 1: Essas ordens não possuem as dobraduras correspondentes. Mas sugere-se convidar algum aluno para que explique o motivo dessa impossibilidade:

> "Não é possível encontrar a dobradura correspondente, já que, para dispor o n. 1 na frente dos retângulos n. 3 e n. 2 , nessa ordem, o retângulo de n. 4 o impede".

Nota 2: O professor deve esclarecer os alunos que tiras de comprimento 4 possuem 4! = 4 . 3 . 2 . 1 = 24 ordens, portanto temos 24 − 16 = 8 ordens que não permitem dobraduras. O docente pode aproveitar essa oportunidade para explorar a fórmula de contagem, introduzindo o conceito de fatorial.

DOBRADURAS POSSÍVEIS E IMPOSSÍVEIS

Temos visto que a ordenação 1 3 2 4 não permite a dobradura correspondente; assim:

Chamamos de *dobradura possível* e de *dobradura impossível* para um dado comprimento n à ordenação dos números inteiros de 1 a n, para a qual existe ou não, respectivamente, dobradura correspondente da tira de comprimento n.

A questão que agora se coloca é a seguinte:

> Para um dado n, quais são as dobraduras possíveis e quais são as dobraduras impossíveis ?

Para respondermos à situação-problema, procuraremos fazê-lo gradativamente; lembremos, pois, a propriedade:

Propriedade 1: Se uma dobradura é possível, sua invertida é possível.

Entretanto, agora, podemos acrescentar a propriedade contrária:

Propriedade1': Se uma dobradura é impossível, sua invertida é impossível.

Atividade 3

Descobrir todas dobraduras impossíveis de tiras de comprimento 4.

Para n = 4, as oito dobraduras impossíveis são:

(1) 1 3 2 4   (2) 1 4 2 3   (3) 2 4 1 3   (4) 2 3 1 4
(5) 4 2 3 1   (6) 3 2 4 1   (7) 3 1 4 2   (8) 4 1 3 2

D- TRABALHANDO COM TIRAS DE COMPRIMENTO 5 OU 6

Atividade 4

Descobrir quatro dobraduras possíveis de comprimento 5.

Atividade 5

Descobrir as dobraduras (se possíveis) de tiras de comprimento 5 com as ordens dadas a seguir:

a) 3 4 5 2 1   b) 5 3 1 2 4   c) 1 4 5 3 2   d) 1 2 5 3 4   e) 3 2 1 4 5
f) 3 5 1 2 4   g) 5 4 2 1 3   h) 4 1 5 2 3   i) 2 4 3 5 1   j) 4 2 3 1 5

Atividade 6

Descobrir quatro dobraduras (possíveis) de comprimento 6.

Atividade 7

Descobrir as dobraduras (se possíveis) de comprimento 6 com as ordens dadas a seguir:

a) 5 4 1 2 3 6   b) 5 3 1 2 4 6   c) 3 1 5 4 2 6   d) 5 1 6 2 4 3
e) 4 3 5 1 6 2   f) 1 2 6 4 3 5   g) 2 4 5 3 6 1   h) 6 5 4 3 2 1

NOTA: Novamente sugerimos que cada dobradura possível seja exibida pelo aluno ou grupo de alunos que a conseguiram obter e que para as impossíveis seja explicado o motivo da impossibilidade,

Das 5! = 5 . 4 . 3 . 2 . 1 = 120 ordens para tiras de comprimento 5 existem 50 dobraduras possíveis, portanto 70 dobraduras impossíveis; das 6! = 6 . 5 . 4 . 3 . 2 . 1 = 720 ordens para tiras de comprimento 6 existem 144 dobraduras possíveis.

As atividades do capítulo anterior mostraram claramente que, ao ampliarmos o comprimento da tira, aumenta bastante o número de ordens, mas reduz a razão para o número de dobraduras possíveis. Assim, John Koehler, da Universidade de Seattle, em 1968, forneceu os números de dobraduras obtidos com recursos computacionais, comparados com os números de ordens até n = 16. A seguir fornecemos sua tabela para comprimentos de 7 a 11.

COMPRIMENTO	ORDENS	DOBRADURAS
7	5 040	462
8	40 320	1.362
9	362 880	4.536
10	3 628 800	14.060
11	(?) 50 milhões	46.310

Ainda em 1968, Lunnon forneceu os valores até tiras de 24 e incrível e posteriormente elevou a contagem até uma tira de comprimento 28 retângulos, conforme nos conta Gardner.

E - ESTRATÉGIAS

POR POLIGONAIS ABERTAS

Descobrindo:

Ilustração: Considerar uma dobradura possível, seja a de ordem 2 1 3 5 4, de tira de comprimento 5, conforme a solução indicada a seguir, nas quais as setas por cima indicam dobra para trás e as setas por baixo indicam dobra para frente.

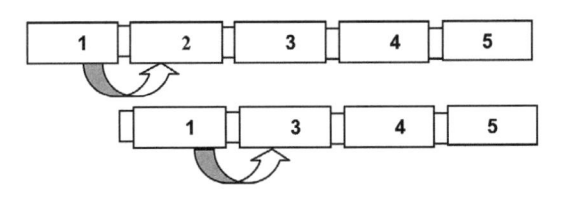

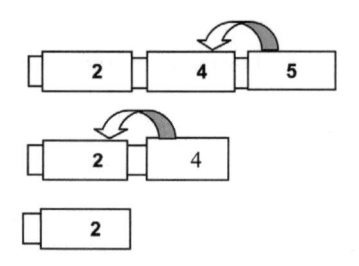

Coloquemos a dobradura verticalmente, com ordenação da esquerda para a direita; e em seguida soltemos um pouco, afrouxando-a. Obtemos então uma dobradura aproximada, conforme a figura dada a seguir. O leitor observará que aumentamos a espessura das junções convenientemente para que elas sejam representadas por traços horizontais, e os retângulos, por traços verticais, também alterados seus comprimentos

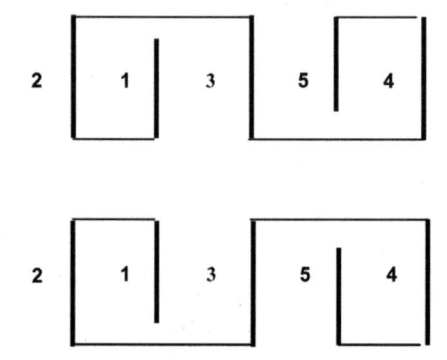

Ou virando:

Dizemos que o esquema obtido na figura anterior é uma representação gráfica da dobradura 2 1 3 5 4. Geometricamente o diagrama é de uma *poligonal aberta* (as extremidades não coincidem, não há junção do retângulo n. 5 com o n. 1).

É claro que a volta também é possível; isto é, dado o diagrama, podemos obter a dobradura, o que garante a representatividade.

Ilustração: Seja agora considerada a ordem 3 1 5 2 4 de uma tira de comprimento 5.

Após poucas tentativas, logo se perceberá que para essa ordem temos *dobradura impossível*. Procuremos então construir a poligonal como a anterior:

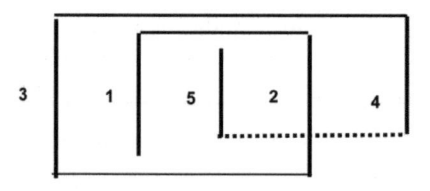

Analisando o diagrama, verifica-se facilmente que é dado também por uma poligonal aberta.

INVESTIGANDO OS DIAGRAMAS COMPARATIVAMENTE

Ambos são dados por poligonais abertas; contudo, elas se diferem por outra característica: a primeira é simples, e a segunda não (é entrelaçada). Em outras palavras, a de dobradura possível não possui cruzamento, e a segunda possui. Esse cruzamento acontece no traço horizontal (junção) conectando os traços verticais do retângulo n. 4 com o n. 5. É óbvio que qualquer outra disposição da poligonal aberta poderá fornecer outros cruzamentos, mas, sempre será não simples.

Do estudo anterior temos a estratégia decisória: construir a poligonal aberta, dispondo os retângulos etiquetados com os rótulos numéricos, da esquerda para a direita, na ordem a ser testada. Então

> A dobradura é possível se e só se a poligonal aberta é simples.
> A dobradura é impossível se e se a poligonal aberta não é simples.

Resulta ainda que a poligonal aberta simples obtida nos fornece a maneira de serem realizadas as dobras e dispostos os retângulos para a dobradura possível.

Da mesma maneira tem-se que a poligonal aberta não simples obtida indica o motivo da impossibilidade.

NOTA: Essa estratégia foi proposta por Koehler; nós apenas inserimos um procedimento para descobri-la.

Atividade 8

Descobrir com o diagrama da poligonal aberta se as ordens dadas a seguir correspondem ou a dobraduras possíveis ou a dobraduras impossíveis e aproveitar esse recurso para efetuar as dobraduras possíveis.

a) 4 1 2 3 5 b) 3 5 4 1 2 c) 1 4 3 2 5 d) 2 4 3 1 5
e) 6 3 4 5 2 1 f) 1 2 6 4 3 5 g) 4 3 2 1 5 6 h) 3 5 6 2 1 4

POR CURVAS ABERTAS SINUOSAS

Consideremos as mesmas dobraduras anteriores, a possível 2 1 3 5 4 e a impossível 3 1 5 2 4.

Para cada uma, marcamos numa reta horizontal pontos numerados conforme a ordenação, e a partir do ponto 1 construímos semicircunferências alternadamente no semiplano superior e no inferior, conectando sucessivamente pontos consecutivos da ordem natural.

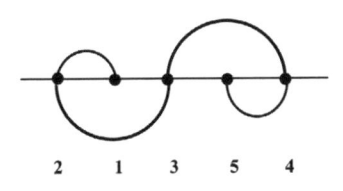

2   1   3   5   4

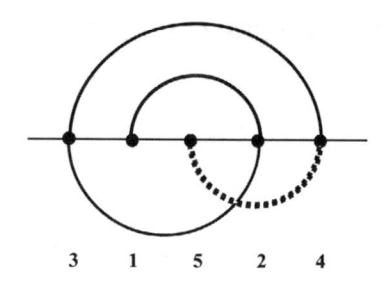

         3   1   5   2   4

    Decorrem dos diagramas as mesmas conclusões para a estratégia decisória: marcar numa reta horizontal os pontos numerados conforme a ordenação em teste e construir a curva a partir do ponto 1, constituída de semicircunferências, alternadamente no semiplano superior e no inferior, conectando sucessivamente pontos consecutivos da ordem natural. Então:

> **A dobradura é possível se e só se a curva aberta sinuosa é simples.**
> **A dobradura é impossível se e só se a curva aberta sinuosa não é simples.**

    Resulta também que a curva aberta nos fornece o modo de realizarmos as dobras e a disposição dos retângulos para a dobradura possível, e analogamente a não simples indica a causa da impossibilidade.

    NOTA: A estratégia de curvas sinuosas aparece em Sainte-Lagué (1926 e 1937), que cita já a ter proposto em manuscritos inéditos anteriores.

Atividade 9

    Descobrir com o diagrama da curva aberta sinuosa se as ordens dadas correspondem ou a dobraduras possíveis ou a dobraduras impossíveis e aproveitar esse recurso para efetuar as dobraduras possíveis das tiras correspondentes.

a) 3 1 2 5 4   b) 5 4 2 1 3   c) 4 3 1 2 5   d) 2 3 5 1 4
e) 1 4 5 3 2   f) 1 4 3 2 6 5   g) 1 4 5 6 3 2   h) 1 4 5 6 2 3
i) 1 4 3 5 2 6   j) 1 6 5 4 3 2   k) 1 7 2 5 4 3 6   l) 7 4 5 6 3 1 2
m) 3 2 1 6 5 4 7   n) 7 4 1 2 6 3 5   o) 4 5 3 1 2 7 6   p) 1 4 3 2 8 7 6 5
q) 2 3 6 7 8 5 4 1   r) 8 4 1 5 2 3 6 7   s) 3 6 9 8 7 2 4 5 1

CAPÍTULO 10
APRENDENDO COM BALANÇAS

A – BALANÇAS COM MOSTRADOR

Nas situações-problema seguintes fornecemos alguns desafios para serem propostos aos alunos. O que se pretende atingir é o desenvolvimento do raciocínio. Esses desafios são caracterizados por pilhas de cubos nas quais cada uma de suas peças componentes possuem o mesmo peso, mas se diferem por pilhas.

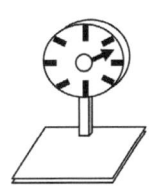

DESAFIOS

Situação-problema 1:

Situação: Você dispõe de uma balança com mostrador variando de grama em grama e de três pilhas com quatro cubos cada uma. Sabemos que duas pilhas possuem os cubos com 10 gramas cada um, mas uma pilha tem os seus cubos com apenas 9 gramas.

Problema: Como faria para descobrir com uma só pesagem qual é a pilha que tem os cubos mais leves?

Situação-problema 2:

Situação: Dispõe-se de uma balança com mostrador até 200 g variando de grama em grama e de três pilhas de cinco cubos cada uma. Sabe-se que uma delas tem cubos só de 10 g, outra com cubos somente de 9 g e outra com peças só de 8 g.

Problema: Descobrir com uma só pesagem os pesos dos cubos de cada pilha.

Situação-problema 3:

Situação: Temos quatro pilhas de cinco cubos cada uma, com pesos aparentemente iguais. Fomos informados que:

a) três pilhas possuem só cubos de 9 kg;
b) uma das pilhas possui todos cubos de 10 kg;
c) podemos usar uma balança com mostrador variando de 1 kg em 1 kg, de 1 kg até 60 kg.

Problema: Descobrir com uma só pesagem os pesos de cada pilha.

RESOLUÇÕES

Situação-problema 1:

Designemos arbitrariamente as pilhas de A, B e C.

Colocamos no prato da balança com mostrador um cubo da pilha A, dois da B e três da C. Teremos as seguintes possibilidades:

- O mostrador indica 57 g, então a pilha com cubos de 9 g é a C, já que 10 + 2 x 10 + 3 x 9 = 57.
- O mostrador indica 58 g, então a pilha com cubos de 9 g é a B, já que 10 + 2 x 9 + 3 x 10 = 58.
- O mostrador indica 59 g, então a pilha com cubos de 9 g é a A, já que 9 + 2 x 10 + 3 x 10 = 59.

Situação-problema 2:

Novamente nomeamos arbitrariamente de A, B e C.

Colocamos agora, nessa situação, no prato da balança, um cubo da A, dois da B e quatro da C. Teremos seis possibilidades:

- 1 x 10 + 2 x 9 + 4 x 8 = 60;
- 1 x 10 + 2 x 8 + 4 x 9 = 62;
- 1 x 9 + 2 x 10 + 4 x 8 = 61;
- 1 x 9 + 2 x 8 + 4 x 10 = 65;
- 1 x 8 + 2 x 9 + 4 x 10 = 66;
- 1 x 8 + 2 x 10 + 4 x 9 = 64.

Logo, se o mostrador indicar,

- 60 g, então a pilha A é de cubos com 10 g, a B com peças de 9 g e C com cubos de 8 g;
- 61 g, então a pilha A é de cubos com 9 g, a B com peças de 10 g e C com cubos de 8 g;
- 62 g, então a pilha A é de cubos com 10 g, a B com peças de 8 g e C com cubos de 9 g;
- 64 g, então a pilha A é de cubos com 8 g, a B com peças de 10 g e C com cubos de 9 g;
- 65 g, então a pilha A é de cubos com 9 g, a B com peças de 8 g e C com cubos de 10 g;
- 66 g, então a pilha A é de cubos com 8 g, a B com peças de 9 g e C com cubos de 10g.

Exploração:

Uma exploração conjunta interessante com os alunos é proveniente da dúvida do não uso de um cubo de A, dois de B e três de C. Temos duas causas com o mesmo motivo. Caso o mostrador indique:

a) 55 g, então podemos ter a solução prejudicada, já que é possível:

A de cubos com 8 g, B de 10 g e C de 9 g, pois 8 + 2 x 10 + 3 x 9 = 55 ou

A de cubos com 9 g, B de 8 g e C de 10 g, pois 9 + 2 x 8 + 3 x 10 = 55 que impossibilitam a decisão.

b) 53 g, então de novo teremos impossibilidade.

Haveria outro procedimento adequado para resolver?

Situação-problema 3:

Sejam as pilhas A, B, C e D arbitrariamente escolhidas.

Na hipótese de tentarmos resolver o desafio conforme o fizemos anteriormente, tomando um cubo de A, dois de B, três de C e quatro de D, estaremos diante de uma nova impossibilidade. Em qualquer caso teremos um peso total superior a 90 kg já que o peso mínimo se verifica para cubos de A com 10 kg, de B com 9 kg, de C com 9 kg e também de D com 9 kg, pois então teríamos 1 x 10 + 2 x 9 + 3 x 9 + 4 x 9 = 91.

A impossibilidade é decorrente da limitação da balança, que só pesa até 60kg.

Resolvemos então só pesando um de A, dois de B e três de C. Teremos as possibilidades:

- 54 kg de 1 x 9 + 2 x 9 + 3 x 9 = 54, então os cubos de D possuem 10 kg;
- 55 kg de 1 x 10 + 2 x 9 + 3 x 9 = 55, então os cubos de A possuem 10 kg;
- 56 kg de 1 x 9 + 2 x 10 + 3 x 9 = 56, então os cubos de B possuem 10 kg;
- 57 kg de 1 x 9 + 2 x 9 + 3 x 10 = 57, então os cubos de C possuem 10 kg.

B - ECONOMIZANDO PESOS AFERIDOS

INTRODUÇÃO

Desta vez vamos usar uma balança de dois pratos e determinados pesos aferidos.

É claro que, se tivermos apenas quatro pesos de 1 kg então podemos pesar corpos de 1 kg, de 2 kg, de 3 kg e de 4 kg. Entretanto é possível para os mesmos corpos usarmos três pesos aferidos, dois de 1 kg e um de 2 kg.

Será que daria para usar só os dois pesos de 1kg e de 3kg economizando pesos aferidos?

A resposta é sim; vejamos a tabela

CORPO DE	PRATO 1	PRATO 2
1 kg	Corpo	Peso de 1kg
2 kg	Corpo + peso de 1 kg	Peso de 3 kg
3 kg	Corpo	Peso de 3 kg
4 kg	Corpo	Pesos de 1 e 3 kg

ATIVIDADES

Nas atividades seguintes, dispomos de uma balança de dois pratos.

Atividade 1

Usando quatro pesos de 1 kg e um de 9 kg, construir uma tabela correspondente para se pesarem corpos de 1 kg até 13 kg.

Atividade 2

Utilizando um peso de 1 kg, um de 3 kg e dois de 9 kg, pesar corpos de:

a) 8 kg   b) 13 kg   c) 16 kg   d) 20 kg
e) 22 kg   f) 14 kg   g) 7 kg;

Atividade 3

Quais corpos são possíveis de serem pesados com os pesos: 13 de 1 kg e um de 27 kg? Ilustre com os corpos de 19 e de 23.

Atividade 4

Quais corpos são possíveis de serem pesados com os pesos:

a) um de 1 kg, dois de 3 kg e um de 9 kg? Ilustre sua resposta com as pesagens de corpos de 8 kg, 10 kg, 11 kg e 12 kg.

b) um de 1kg, um de 3 kg e dois de 9 kg ? Ilustre sua resposta com as pesagens de corpos de 14 kg, 15 kg, 16 kg e 17 kg.

Atividade especial

Qual é número mínimo suficiente de pesos e quais devemos empregar para que possamos pesar de 1 kg até 40 kg ?

SOLUÇÕES

Atividade 1

CORPO DE	PRATO 1	PRATO 2
1 kg	corpo	1
2 kg	corpo	1 + 1
3 kg	corpo	1 + 1 + 1
4 kg	corpo	1 + 1 + 1 + 1
5 kg	corpo + 1 + 1 + 1 + 1	9
6 kg	corpo + 1 + 1 + 1	9
7 kg	corpo + 1 + 1	9
8 kg	corpo + 1	9

9 kg	corpo	9
10 kg	corpo	9 + 1
11 kg	corpo	9 + 1+ 1
12 kg	corpo	9 + 1 + 1 + 1
13 kg	corpo	9 + 1 + 1 + 1 + 1

Atividade 2

Prato 1
a) corpo + 1 kg
b) corpo
c) corpo + 3 kg
d) corpo + 1 kg
e) corpo
f) corpo + 1 kg + 3 kg
g) corpo + 3 kg

Prato 2
9 kg;
1 kg + 3 kg + 9 kg;
1 kg + 9 kg + 9 kg;
3 kg + 9 kg + 9 kg;
1 kg + 3 kg + 9 kg + 9kg;
9 kg + 9 kg;
1 kg + 9 kg.

Atividade 3

De 1 kg até 40 kg;   C + 8 de 1kg = 27kg,   C + 4 de 1kg = 27kg.

Atividade 4

a) De 1 até 16 kg;   C + 1 kg = 9 kg,   C = 9 kg + 1 kg,
C + 1 kg = 9 kg + 3 kg,   C = 9 kg + 3 kg.

b) De 1 até 22 kg;   C + 1 kg + 3 kg = 9 kg + 9 kg,   C + 3 kg = 9 kg + 9 kg,
C + 3 kg = 9 kg + 9 kg + 1 kg,   C + 1 kg = 9 kg + 9 kg.

Atividade Especial

O mínimo é dado por quatro pesos: 1 kg, 3 kg, 9 kg e 27 kg.

Observar que a solução é dada por pesos que são potências de três, isto é 3^0, 3^1, 3^2 e 3^3, de onde a inferência que o próximo peso para se manter o mínimo é o de 3^4 = 81, quando se deve conseguir pesar de 1 kg até 121 kg.

Sugerimos a conveniência de ser verificada essa resposta construindo a tabela de 1 até 40 kg com esses pesos.

GÊNESE

O assunto parece ter sua gênese ou interesse depois da obra *Problèmes plaisant et delectables*, publicada em Lyons, 1612, quando o autor Claude Gaspar Bachet (Senhor de Mézirac) formulou o problema: "Quais pesos distintos (em balança de dois pratos) servem para pesar qualquer objeto de 1 a 40 kg?".

Entretanto, Percy Mac Mahon, de Cambridge, com recursos de funções geradoras, deu as oito soluções para o problema: a oitava é a solução de Bachet.

Analisando problemas de "moedas falsas" na obra *Puzzles and Paradoxes*, de Thomas H. O'Beirne (1965), verificamos analogia com o problema de pesos aferidos de Bachet. Encontramos um procedimento que pode ser adaptado para fornecer as pesagens de todos os corpos da faixa limitada pela soma dos pesos da sucessão de potências de 3.

O procedimento consta de divisões sucessivas por 3 (portanto potências de 3), cujos restos são sujeitos à condição de serem só do tipo – 1, 0 e + 1, e qualquer – 1 indicará que aquela potência de 3 deve ser adicionada ao prato do corpo.

Ilustrações

1) Seja o corpo de 10 kg

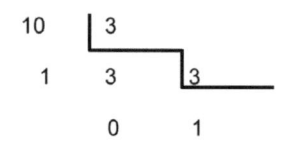

```
10 | 3
 1   3 | 3
     0   1
```

temos a sucessão: 1 0 1 ou que (corpo de 10) = 1 kg + 0 + 9 kg.

2) Seja o corpo de 29 kg

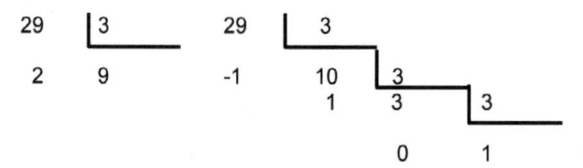

```
29 | 3        29 | 3
 2   9        -1   10 | 3
                    1   3 | 3
                        0   1
```

temos a sucessão: – 1 1 0 1, ou que (corpo de 29 kg) + 1 kg = 3 kg + 0 + 27 kg.

3) Seja o corpo de 20 kg

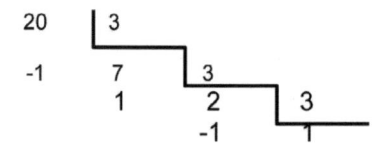

```
20 | 3
-1   7 | 3
     1   2 | 3
        -1   1
```

temos a sucessão: –1 1 – 1 1, ou que (corpo de 20 kg) + 1 kg + 9 kg = 3 kg + 27 kg.

4) Seja o corpo de 100 kg

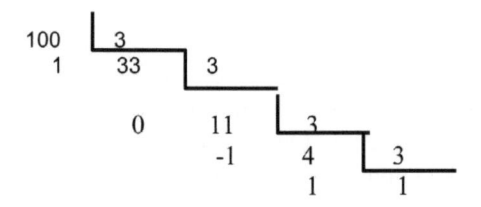

```
100 | 3
  1   33 | 3
       0   11 | 3
           -1   4 | 3
                1   1
```

Sucessão: 1 0 – 1 1 1, ou que (corpo de 100 kg) + 9 kg = 1 kg + 27 kg + 81 kg.

REFERÊNCIAS

Capítulo 1

BARBOSA, R. M. *Descobrindo padrões em mosaicos*. São Paulo: Atual, 1993.

Capítulo 2

BARBOSA, R. M. *Descobrindo padrões em mosaicos*. São Paulo: Atual, 1993. (4. ed., Atual/Saraiva, 2005, cap. 9).

Bruno Ernst. *Das Verzauberte Auge, Unmögilche Objekte und Mehrdeutige Figuren*. Berlim: Taco, 1986.

PENROSE, R. Pentaplexity - A class of non-periodic tillings of the plane, *Eureka*, 39, 1978, p. 6-22. Reimpresso em *Mathematical Intelligence*, 2, 1979, p. 32-37 e em *Geometrical Combinatorics*. In: HOLROYD, F. C.; WILSON, R. J. (Eds.). Londres: Pitman 1984, p. 55-65.

SCHATTSCHNEIDER, D. M. *Escher. Visions of Symmetry*. Thomas & Hudson, N.Y., 2004.

Capítulo 3

BARBOSA, R.M. *Combinatória e grafos, I – II*. São Paulo: Nobel, 1974/1975.

BARBOSA, R. M. *Descobrindo padrões pitagóricos*. São Paulo: Atual, 1993.

PAGE, E. S; WILSON, L. B. *An Introduction to Computacional Combinatorics*. Londres: Cambridge University Press, 1979.

SANTOS, P. O.; MELLO, M. P.; MURARI, I. T. C. *Introdução à análise combinatória*. Campinas: Ed. UNICAMP, 1995.

WEYL, H. *Symmetry*. Princeton: Princeton University Press, 1952.

Capítulo 4

MOISE, E.; DOWNS, F. *Geometria moderna*. São Paulo: Blücher, 1975.

Capítulo 5

BARBOSA, R. M. *Descobrindo padrões em mosaicos*. São Paulo: Atual, 1993.

BARBOSA, R. M. *Matemática – Magistério*. v. 2. São Paulo: Atual, 1986.

BARBOSA, R. M. *Matemática, metodologia e complementos*. v. II. São Paulo: Nobel, 1969.

GARDNER, M. *Mathematical Magic Show*. Nova York: Penguin Book, 1965.

GARDNER, M. *The Scientific American Book of Mathematical Puzzles and Diversions*. Nova York: Simon and Schuster, 1959. (Tradução – São Paulo: IBRASA, 1961).

GARDNER, M. *The Second Scientific American Book*. Nova York: Simon and Schuster, 1961.

GOLOMB, S. W. *Polyominoes*. Nova York: Scribner, 1965.

Capítulo 6

BARBOSA, R. M. *Poliminós*. Fasc. n.1. Catanduva: IMES, 2005. (Série Materiais Pedagógicos e Jogos).

BARBOSA, R. M. Uma família-p de materiais pedagógicos, Seminário de Ensino de Ciências e Matemática, UNISAL, Campinas, *Anais...*, 2005, p. 28-38

ELLARD, D. Polyamond Enumeration, *The Math. Gazette*, 66, 1982, p. 310-314.

GOLOMB. S. W. *Polyominoes*. Nova York: Scribner, 1965.

HARARY, F.; PALMER, E. *Graphical Enumeration*. Nova York: Acad. Press, 1973.

MARTIN, G. E. 1991. Polyominoes: a guide to puzzles and problems in tiling. *The Math. Assoc.* / Spectrum.

O'BEIRNE, T. Pentominoes and Hexiamonds. *New Scientist*, 259, 1961a, p. 316-317.
O'BEIRNE, T. Some hexiamonds and an introduction to set of 25 remarkable points. *New Scientist*, 269, 1961b, p. 379-380.

REEVE, R.; TYRRELL, J. A. Maestro Puzzles. *Mat. Gazette*, 1961, p. 316-317.

Capítulo 7

BARBOSA, R. M. Uma família-P de materiais pedagógicos, Seminário de Ensino de Ciências e Matemática, Unisal/Campinas, *Anais...*, 2006, p. 28-38.

Capítulo 8

BARBOSA, R. M. *Policubos/Jogos de Balanças*. Fasc. n.3. Catanduva: IMESC, 2005. (Col. Materiais Pedagógicos e Jogos).

BOUWCAMP, C. J. Packing a Retangular Box with the twelve Solid Pentaminoes. *The Journal of Combinatorial Theory*, 7, 1999, p. 275-280.

GARDNER, M. *American Book of Mathematical Puzzles & Diversions*. Nova York: Simon and Schuster, 1961.

Capítulo 9

GARDNER, M. Mathematical Games. *Scientific American*, August, 1963a, p. 112-120.

GARDNER, M. Mathematical Games. *Scientific American*, September, 1963a, p. 248-285.

GARDNER, M. *Wheels, life and others Mathematicl Amusements*. Nova York: Freeman, 1983. (Tradução – Lisboa: Gradiva, 1992).

KOEHLER, J. E. Folding a strip of stamps. *Journal of Combinatorial Theory*, 5, 1968, p. 135-152.

LUCAS, E. *Téorie des Nombres*. Gauthier: Paris, 1891.

LUNNON, W. F. A map-folding problem. *Mathematics of Computation*, 22, 1968, p. 193-199.

SAINTE-LAGUÉ, A. Lés Reseaux (ou graphes). *Memorial des Sciences Mathématiques*, Fasc. XVIII, 1926.

SAINTE-LAGUÉ, A. *Avec des nombres et des lignes*. Vuibert. Paris: 1937.

TOUCHARD, J. Contributions à l'étude du problème des timbres-poste, *Canadian Journal of Mathematics*, 2, 1950, p. 385-398.

Observação: O interessado encontrará mais material sobre o tema, principalmente relativo à matemática subjacente e propriedades numéricas, em:

BARBOSA, R. M. *Dobraduras de Tiras*. Fasc. 2, Catanduva: IMES, 2005. p. 11-29 (Coleção Materiais Pedagógicos e Jogos).

GARDNER, M. Mathematical Games. *Scient. Amer*, August, 1963a, p. 112-120.

Capítulo 10

O'BEIRNE, T. H. *Puzzles and Paradoxes*. Nova York, Londres: Oxford University Press, 1965.

Qualquer livro do nosso catálogo não encontrado nas livrarias pode ser pedido por carta, fax, telefone ou pela Internet.

✉ Rua Aimorés, 981, 8º andar – Funcionários
Belo Horizonte-MG – CEP 30140-071

📱 Tel: (31) 3222 6819
Fax: (31) 3224 6087
Televendas (gratuito): 0800 2831322

@ vendas@autenticaeditora.com.br
www.autenticaeditora.com.br

Este livro foi composto com tipografia Electra e impresso em papel Off Set 75 g na Formato Artes Gráficas.
